晓梅说美容

张晓梅／著

XIAOMEI TALKING ABOUT

Beauty

中国青年出版社

每个女人从这里开始

哲学家克尔凯郭尔说："每个美女都是美的造物，又是一个美的整体。明媚的笑，淘气的眼神，期待的目光，沉思的头，丰盈的意志，忧悒的情绪，掠人的眉宇，疑惑的樱唇，神秘的额头，野趣的行为，茂盛的睫毛，起伏的胸脯，丰满的臀，小巧的脚，纤细的腰，天使的纯洁，如梦的渴望，空灵的优雅，不可言语的叹息，羞涩的谦柔。这个美女是上天唯一造就的美女。"

美女是人类文明用之不竭的思想灵性的源泉。美俘获人的心灵，魅惑人的思想。不过，即便是哲学家笔下如此诱人的美女,多半以上的美并不是天造的。因此，我主张女人的美是可以修炼的，修炼的美才会进化获得女人长久美的魅力。

近年来，我作为全国妇联女性素质培训的指定专家，在全国各地做了大量演讲。在与各地女性的接触中我发现，不少中国女性还是存在一种根深蒂固的意识，尽管她们否定美丽等于魅力，但却不能确定自己的魅力，当问及是否拥有魅力时，她们眼中多会显得茫然和缺少自信。这表明，不少女性并不认识魅力，她们会以为假如没有常人认定的美丽和妙龄，便远离了魅力，这是一个很大的误区。

很多女性朋友喜欢听我的讲座、读我的书，原因在于可以让她们确认魅力是可以提升的，这给了她们希望和信心。她们同时也表示，渴望得到提升魅力更多的知识和具体的方法。为此，我开始规划系列魅力实用丛书，第一本从今年初的《晓梅说礼仪》开始了。

说实话，礼仪无论怎么说，都是单调而枯燥的，市面上这类书藉也有不少，不过，版社的销售信息反馈出，这本礼仪书是同类书最畅销的。我知道，畅销的原因是因为书中实践着这套魅力丛书的基本原则：让每个女人能够由此改变和进步！为此，这套丛书必然要做到更实用，更细节，更正确。

时隔大半年，丛书的第二本《晓梅说美容》和第三本《晓梅说美体》同时出稿了，这两本书源自我和我的团队八年来的大量深入调查和研究成果。书中运用了大量美学、文学、医学、营养学、色彩学和心理学等专业知识，第一次系统地总结和论述了中国美女标准和内涵。这些标准涵盖了女性容貌和身体美的方方面面，告诉人们什么是中国女人最美的脸形，轮廓，嘴形，鼻高，身形，肌肤，发质，指甲等等。

有人提出，美是没有标准的。之前，我也持有同样的观点，直到完成这项研究后，我确认，美是有相对标准的。事实上，国际时尚界早有90∶60∶90的三围标准，天下女人并不都会为这标准寻死觅活。在我看来，美的标准更像一把有魔力的尺子和一面光亮的镜子，它能比照出人的长处和不足。每个女人美的天赋是有限的，假如你都不知什么是美，又如何谈改变和增进呢?

《晓梅说美容》和《晓梅说美体》两本书抛开绝对美女标准，细说容貌和身体的美，并更注重女人该如何打造这种种的美。外形美是女人美的第一视点，外形美有很强的可塑性，女性更是如此。遗憾的是，很多女人一生总在悲伤不完美的相貌，身高或体形，还会在年龄增长后放弃改进，这是错误的。其实，以我的研究和切身体验，人对自体美的驾驭力和改造性是超乎寻常的，而对大多数女性来说，这种能力尚未开发。为此，你该了解中国女人的美感特点，并得到浅显易懂，简便实用的美丽方法。

出版这两本新书得到了很多友人的支持和众多读者的关注，他们给予了我最大的热情和动力。还要感谢我的精英团队刘晓琴、梁春燕、马玉珂等配合出色；同时特别感谢中国青年出版社的独到眼光和执着，正是他们苛求完美的追求和全力配合，才成就这套书的诞生。

“我该做什么？我该如何做？”针对女人这最直接的需求，接下来，这套实用的丛书还会不断地丰富下去。希望或温柔恬静、或乖巧聪明、或活泼可爱的你，从现在开始，点点滴滴，把增进美而不仅是追求美融入生活中，与魅力牵手，优雅、从容地生活，获得自信的美。

张晓梅 2008年8月28日 北京

目 录

contents

目 录

contents

目 录

contents

目 录

contents

PART 1

脸之美

【一】美脸标准

①"鹅蛋"脸——人们心中的标准美脸

容貌美的基础是看整个面部轮廓的形状（即脸型）如何。在众多脸型之中，整体脸部长宽比例适中（理想的长宽比例为34：21），从额部、面颊到下巴的线条柔和匀称，上部略圆，下部略尖，形如鹅蛋的脸型是长期以来被人们认为最理想、最标准的脸型，也是化妆师对其他脸型进行矫正化妆修饰的依据，目的都是尽量向这种脸型靠近。人们通常也称这种脸型为"甲"字脸。

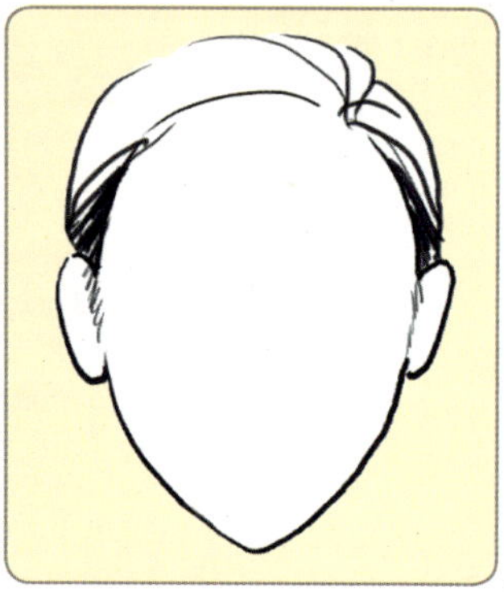

②面部美的标准

总体来看，脸的审美，主要是看脸部长宽及五官位置相互的比例关系是否协调，对此，我国古代的"三庭五眼"一说就是精辟的概括，国际上则以"黄金分割"比率——1∶0.618来衡量。具体来看，可从以下几方面来衡量面部的美。

三庭五眼

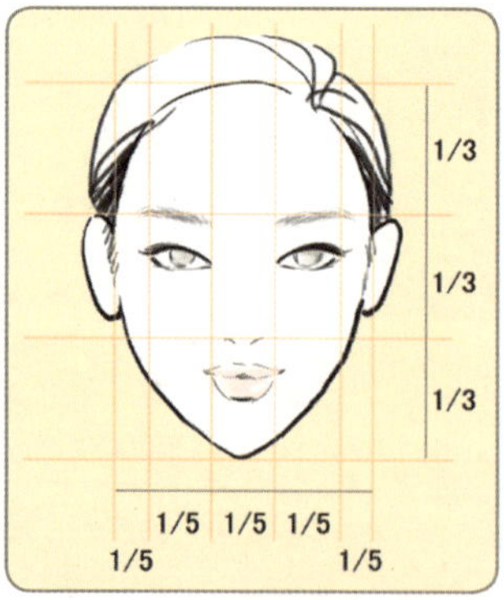

"三庭"是指从正面将面部纵向分为三个部分：上庭、中庭、下庭。上庭是指从发际线至眉际线，中庭是从眉际线至鼻底线，下庭指从鼻底线至颏底线。如果面部"三庭"正好是长度相等的三等份，这样的面部纵向比例关系就是最好的，符合面部长宽比例审美标准。

"五眼"是指以自己的一只眼睛的长度为衡量单位，将面部正面横向分五等份，两眼之间的距离为一个眼睛的长度，从外眼角垂线到外耳孔垂线之间为一个眼睛的长度，整个脸的宽度等于五个眼睛的长度。

凡符合“三庭五眼”比例的人其脸型都具有和谐美。据测，长与宽比例为34：21的蛋形脸完全符合这一比例，而这一比例正好符合黄金分割律。

三点一线

“三点一线”是指眉头、内眼角、鼻翼三点的连线构成一条垂直直线。

四高三低

“四高”是指作一条垂直的通过额部－鼻尖－人中－下巴的轴线，在这条垂直线上，有四个高点，即额部、鼻尖、唇珠、下巴尖。“三低”指三个凹陷：两只眼睛之间，鼻额交界处必须是凹陷的；在唇珠的上方，人中沟是凹陷的，人中脊明显，美女的人中沟往往都很深；下唇的下方，也有一个小小的凹陷。

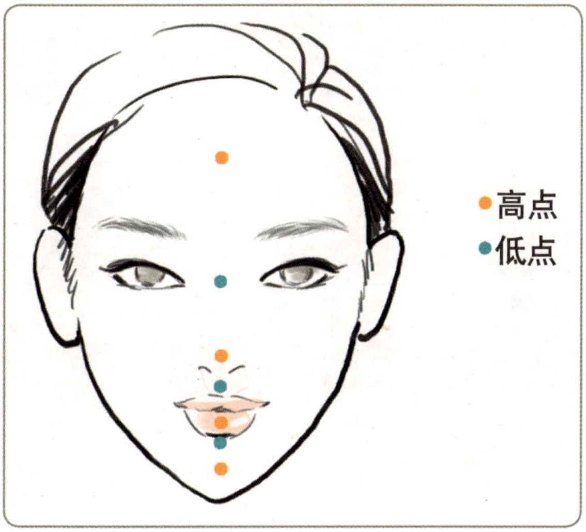

颊部“三匀”

指左右面颊各有一个嘴的宽度。

鹅蛋脸因其符合上述自然美诸项特征，因而获得了人们长久以来的普遍喜爱和一致认可。

链 接 interlinkage

面部纵横向比例类型

不是每个人的面部纵横比例都符合审美标准，总的来看存在着以下几种类型：

纵向分类

上庭长：中庭和下庭长度相等，而上庭略长，即额头偏长。

上庭短：中庭和下庭长度相等，而上庭略短。

中庭长：上庭和下庭的长度相等，而中庭偏长，即鼻子较长。

中庭短：上庭和下庭的长度相等，而中庭偏短。

下庭长：中庭和上庭长度基本相等，下庭长度偏长，即下巴略长。

下庭短：中庭和上庭长度基本相等，下庭长度偏短，即下巴略短。

横向分类

两眼距离远及两眼距离近。

▾ 链 接 interlinkage

脸型的分类

脸型的分类方法很多，下面是几种常见的脸型分类法：

形态观察法 波契(Boych)通过对脸型的观察将人的脸型分为10种类型：

☐ 椭圆形脸型　☐ 卵圆形脸型　☐ 倒卵圆形脸型　☐ 圆形脸型

☐ 方形脸型　☐ 长方形脸型　☐ 菱形脸型　☐ 梯形脸型

☐ 倒梯形脸型　☐ 五角形脸型

这种分类法比较简单，你可以把脸全部露出来拍张正面照，用笔在脸上四周对应地画些记号并连接起来，就可得到一张自己的脸型图。

“字”形分类法　这是中国人根据脸型和汉字的相似之处对脸型的一种分类方法，通常分为8种：

☐ 田字形脸型　☐ 国字形脸型　☐ 由字形脸型　☐ 用字形脸型

☐ 目字形脸型　☐ 甲字形脸型　☐ 风字形脸型　☐ 申字形脸型

亚洲人分类法　根据亚洲人脸型的特点，一般可以分为8种类型：

☐ 三角形脸型　☐ 卵圆形脸型　☐ 圆形脸型　☐ 方形脸型

☐ 长形脸型　☐ 杏仁形脸型　☐ 菱形脸型　☐ 长方形脸型

事实上，生活中我们最为多见的不符合标准美的脸型有6类：长形脸型、圆形脸型、方形脸型、菱形脸型、三角形脸型、倒三角形脸型。

【二】脸型不标准，巧妆来补救

对中国女人而言，无论哪一种脸型化妆方法，基准都是把脸型修正为标准的蛋圆形，即不突出颧骨、额头饱满、从发际至下巴均分为三等份，才算是成功的化妆。

① 长形脸巧妆方略

特　点　长形脸的上额头与下颌同宽，下巴长，脸部较狭长，容易给人瘦窄、生硬而不明朗的印象，让人觉得棱角过于突出。

修饰方法 修饰重点是上粉底时用深色粉底来修饰上额头及下巴，使脸看起来长短适中，较为秀丽。

1 上完适合肤色的粉底后，用阴影色或修容饼在前发际线边缘及下颏底部使其收缩，使过长的面型变得略微短一些。修饰时要注意阴影色和基础底色之间不能留有边缘线，过渡要自然。

2 长脸型适合长眉型，可以是粗粗的方方的形如卧蚕，这样会使眉毛显得有分量。眉毛位置不可太高而有角，眉毛尤不可高挑，在眉毛2/3处起眉峰，眉峰应平一些，如果描上扬眉会使脸更显长，描水平眉则可以使脸显得短一些。眉间距短而宽。眼睛修饰也要横向拉长，以产生面部横向发展的感觉。

3 腮红应横向晕染，就如身材高而瘦的人适宜穿横线条服装，以产生横向丰满感觉的道理一样，用大刷子将腮红轻轻扫在颧骨的最高处与太阳穴下方所构成的曲线部位，然后向外往耳边横向抹出，前端距离鼻子要远些，不要低于鼻尖，以增加脸的宽度，使轮廓看起来更立体。

4 用唇线笔描画出带弧形的唇峰，上唇不要画得太丰满而应薄，下唇可画得丰满些，唇也不宜描画得过小，这样可以辅助脸型产生温柔圆润的变化。

② 圆形脸巧妆方略

特　点 圆形脸又称满月脸，下巴及发线均呈圆形，给人的印象是甜美、可爱、年轻，但也容易让人感觉过于圆润，缺乏立体感和成熟美。

修饰方法 修饰的要点是用深色粉底来修饰两腮及额头，从而修正脸型，增强立体感。

1 均匀上完粉底后，用阴影色或修容饼在两腮及额头两边做收缩或转折的修饰，靠近外轮廓线色深色重，靠近内轮廓方向色浅色淡，注意和内轮廓的基础底色很好地结合，防止出现明显的边缘线。在自然的前提下，用阴影色把丰满的脸颊打淡些，加重颧弓下陷的凹陷感觉。用逆阴影色提亮额头、下巴，使脸型视觉加长；提亮鼻骨，使鼻梁挺直；提亮眉弓与颧骨，使脸型更具立体感。注意，圆形脸的粉底不宜太白。

小提示

阴影色指黑、棕、灰等暗色，用在希望凹下去的地方。
逆阴影色指白色、米色等浅色，用于需要凸起的地方，也叫提亮色。

2 眼睛上妆时要加强上眼睑的化妆以使眼睛位置抬高，从而加长脸型。可着重双眼皮的描画，加粗上眼线、强调上眼影等，选择较深的“结构色”加深眼睑沟的构造，“晕染色”的面积不宜过大，否则会使眼部变得平坦。

3 圆脸型如果描水平眉，会使脸更大更短；如果描太弯的下垂眉，会使脸更短更圆，因此圆脸适合略带眉峰的上扬眉，以使脸部相应拉长。眉峰宜靠外侧1/3，因为眉峰如果在眉中的话，会使眉型显得太圆。眉峰不要太尖，眉型不应太长，否则会和脸型差别太大。眉间距可以近一些。

4 鼻梁的提亮色可以表现得比较明显，提高鼻子的高度，是使面部产生立体效果的有效方法。

5 纵向晕染腮红，在两颊至下颌角度明显处加强拉长修饰，往下不超过鼻子，往上不超过眼中下内侧，在眼1/2处外侧，这样可以产生拉长脸型的效果。

6 嘴形要描画得有棱角，不宜太小、过圆，下唇可适当描厚、略方些。

7 下巴底部可以加些提亮色，使脸型产生延长的感觉。

③ 菱形脸巧妆方略

特　点 菱形脸的外观特征是额头狭小，额角偏窄，颧骨突出，两颊消瘦，下颌角偏窄，不加修饰容易给人产生单薄而不丰润的感觉。

修饰方法

1 上完粉底后，用提亮色（逆阴影色）丰隆额角及下颌角，提亮消瘦进去的四个角，使脸丰满些，同时提亮加宽鼻梁。

2 用阴影色从侧发际线向内收缩颧骨，减弱颧骨过于突出的外观感觉，同时在额头与两腮两边加白色粉底，使脸型看起来柔和丰满些，从而修正脸型。

3 菱形脸适合长眉型，眉型应该显得轻松自然，不可以是眉头很低粗、眉尾高翘而细的那种挑眉，应在眉毛的1/2加0.5厘米处起眉峰，顺着眉毛生长方向一笔一笔描画，眉峰的角度最好呈明显的三角形。眼睛要强调下眼线。

4 菱形脸的腮红修饰是化妆上的难点，处理不当反而会将颧骨突出。正确的方法是做环状晕染，将腮红淡淡地掠过颧骨的高点，靠近侧发际线是重点，向内经过颧骨的高点，再以环状向下渐淡渐消做晕染，即靠下的色彩略深，靠上的色彩略浅，以取得柔和立体的脸部效果。

5 唇型宜圆润丰满，唇峰微带弧形。

④ 方形脸巧妆方略

特　点 方脸型的宽度和长度接近，上额宽大，面颊也宽大，下颌骨方正，下巴稍显短，与圆形脸明显的不同之处是下颌骨横宽有力，有稳重感，给人坚强刚毅、顽强的印象，缺乏女性柔美感。

修饰方法 化妆时要重点强调方脸型活泼、有生气的个性，增加柔和感以掩饰脸上的方角，增添柔和之美。

1 打上均匀的与肤色近似的粉底后，在两腮、额头两侧涂抹深色粉底，掩饰两腮与额角的方正和宽大，同时在额头中部和下巴上加比肤色浅一些的粉底，使脸型看起来柔美修长些，初步达到调整脸型的效果。

2 方形脸适合短眉型，可以是略为上扬的，眉头略粗，在眉毛1/2处起眉峰，眉峰略带角但不宜太明显，稍阔而微弯，不可以太细太短。眉间距不要太窄。

3 涂眼影时，着重上眼睑眼梢部的晕染，整个眼影的造型要有棱角感，眼睛描画得大而有神后，能使人忽视脸型的不足。

4 唇型画得有分量一些，圆弧形的唇型最佳，可以柔和脸的角度，唇峰不要太接近，略分开一些。

5 腮红的位置要稍高一点，由颧骨顶端向下斜刷，在颧骨凹陷部位的阴影处偏上一点的位置扫上深色腮红，再在颧骨上斜向轻扫一些浅色腮红，这样就可以收缩颌骨、拉长脸部线条，增强方脸女性化的印象。

⑤ 三角形脸巧妆方略

特 点 额头狭小，两腮宽大，显得上小下阔，给人较憨厚的感觉。

修饰方法

1 用适合色的粉底均匀涂抹全脸后，再用深色粉底来修饰较宽的两腮，弥补下脸部宽大的缺点，并在额头两边与下巴加白色粉底（逆阴影色），提亮额角，使脸上部宽阔些，令脸型看起来比较柔和修长，达到修正脸型的效果。

2 用亮色提亮鼻梁，注意鼻梁不可太宽。

3 眉头画粗，眉型要大方，小气的眉毛会更强调下半部宽大的分量。在眉毛的2/3处起眉峰，眉峰圆润自然。眉宜长不宜太短，也不宜往下，眉间距不要太窄。

4 嘴唇应方正些，唇峰呈圆弧形，唇型丰满，唇角稍向上翘，忌樱桃小口。

5 腮红由内往外斜向晕染，面颊刷高些，长些。

⑥ 倒三角形脸巧妆方略

特　点 此脸型与三角型脸形刚好相反，亦即人们所说的瓜子脸、心形脸，其特点是上阔下尖，给人一种纤柔的感觉。

修饰方法

1 在颧骨、额头两边及下巴着深色粉底造成暗影效果，在较瘦的两腮用白色或浅色粉底来修饰，使整个脸看起来较丰满、明朗。

2 倒三角脸型只适合描画柔和、稍粗的水平眉，这样可以使额头显得窄一些，缩短脸的长度。不适合描有角度的眉型，下垂眉或大弧形的眉也不适合，下垂眉会使额头显得更长，大弧形的眉会强调狭窄的

额头。眉型要有一些曲线感，可略细一些，不要太粗和太长，在1/2处起眉峰，眉峰要圆润，眉间距不宜太宽。

3 唇型画明显些，带微弧形的唇峰，上唇不可画得太丰满，下唇可以画得丰满些。

4 颧骨部位用深色腮红拉刷，颧骨下方用浅色腮红横刷，使脸型显得丰满。

Q&A 腮红使用Q&A

Q 腮红有何神奇作用?

A 通过上腮红，可以给面色增添生气，增添肤色的健康红润效果，使眼唇色彩显得协调自然，同时也可以修正面部轮廓，使面部显得更协调、更有立体感。

Q 腮红有哪些类别?

A 市面上的腮红有胶状、霜状、粉状及液状等种类，广泛使用的是粉状刷式的腮红。

Q 腮红的一般涂法是怎样的?

A 一般涂腮红的方法是，先在手背调好需要的腮红颜色，再以向上的手法从面颊部刷至太阳穴下鬓角，再从上到下顺着下颌线轻扫，直至均匀。

Q 涂腮红应注意哪些问题?

A 涂腮红的时候，要注意以下几点：

◎ 除了要因人而异外，还要根据不同的妆型、眼影及口红色系来选择不同的腮红色彩。

◎ 动作要轻，不要涂得过多过重，以看不到腮红染开的轮廓为好。

◎ 涂腮红的位置与颜色都要与整个面部协调。

◎ 刷腮红的整体形状是以颧骨为中心，不要超过鼻尖。刷在两颊的腮红可使脸部显得高扬，有生气，但刷于鼻尖以下部位，会使整个面部显得下沉，比较老气。也不要刷在超过眼睛中间或接近鼻子的地方，除非脸部太丰满或太宽阔，腮红才可接近鼻子处，以达到使面部显得修长的效果；而脸型比较瘦的人，腮红则应刷在较外侧部位，可显得丰满一些。

Q　标准脸型怎样刷腮红？

A　适合标准脸型的是标准腮红刷法，即腮红不超过眼中及鼻子下方，由颧骨向太阳穴处向外向上刷。

专家提示

脸过大和脸过小者的化妆修饰要点

脸过大　过大的脸给人一种缺乏秀美和生动的印象，也会使人看起来很胖。修饰时应选择偏深的基础底色，使面部产生收紧缩小的效果。如果属于大而平坦的面型，可以大胆地用不同色度的底色来表现应该突出的部位和应该收缩后退的部位。在对眼睛、眉毛、嘴唇等五官部位修饰时，应尽量将它们表现得相对夸张，使偏大的脸型和五官和谐地搭配。

脸过小　虽然流行小脸美女，但如果脸型与身材比例不协调时，也需要通过化妆来矫正修饰。修饰时选用略浅于肤色的象牙色或浅米色一类的基础底色，给人以面部面积扩大的感觉。在对眼睛、眉毛、鼻部及唇部修饰时，要尽量表现简洁、清秀、柔美的风格，而不适合用过于修饰的化妆方式，将原来过小的脸庞表现得过于复杂。

【三】脸部比例失调的补救高招

① 脸部纵向比例失调的补救高招

所谓脸部纵向比例失调，就是指应是长度相等的三庭（即发际线至眉线，眉线至鼻底线，鼻底线至下颌线）存在着不等的长度，而通过化妆修饰可调整面部纵向比例的平衡。

长额头的补救高招

特　点 长额头也就是常说的上庭长，其特点是中庭和下庭长度相等，而上庭的长度略长。

补救方法 修饰时可以运用色彩和毛发遮掩两种方法。运用阴影色在前发际线的边缘，靠近发际线色深，而额部中央色浅，此方法是利用深色色性产生视觉收缩、后退的原理，使额部缩短。

长脸型或菱形脸型可以选择留前发的方法，将过长的额部掩饰，以矫正过长的上庭。

短额头的补救高招

特　点 短额头也即低额头，比例特点是中庭与下庭长度相等，上庭长度略短。

补救方法 在额部提亮。如是长脸型和菱形脸型，可以采用毛发遮盖的方法；如果是圆脸型、方脸型和短脸型，可以采取吹高前发、显露额部的方法，由此产生上庭延长的视错觉。

鼻子长的补救高招

特　点 上庭与下庭长度相等，中庭长度偏长，也就是说鼻子较长。

补救方法 修饰的要点是使鼻部缩短，提亮色不能从鼻根至鼻头直线地运用，这样会产生更加延长鼻部的感觉。高鼻梁的人不宜用提亮色，其他情况者可将提亮色用在鼻梁中部，上下渐淡渐消。鼻侧影也不能从鼻翼向眉头一直连接，只需用在鼻部中段的两侧，上下渐弱。鼻头略长者可用阴影色或颊红色从鼻尖向上晕染，只要颜色使用得当，就会产生缩短鼻尖的感觉。

鼻子短的补救高招

特　点 上庭与下庭长度相等，中庭略短，也就是说鼻子偏短，往往也伴随有低鼻梁的外观特征。

补救方法

1 将提亮色从眉心晕染至鼻头，过短的鼻型还可以一直拉至鼻尖，鼻侧影从鼻翼一直延伸至眉头并且相连接，在鼻梁处还可以用一些带荧光成分的提亮色作为高光的表现。

2 为使鼻梁挺拔可用浅棕色的线条加在内眼角与鼻根中间，再向鼻梁方向浅浅地晕染，在此线条靠近内眼角的内侧用提亮色反衬，以表现出面的转折，在鼻梁处加上高光色，最好用一些带荧光成分的浅乳白色或浅麦芽色，使偏低的鼻梁表现出立体效果。

长下巴的补救高招

特　点 中庭和上庭长度基本相等，下庭长度偏长，即下巴偏长。

补救方法

1 用阴影色或修容饼在下巴底部及两侧从下向上晕染，使之产生收缩的感觉。

2 有些下庭偏长的类型，是一种直而长的下巴，可以在颏唇沟用阴影色加深（颏唇沟即下唇与下巴底部之间的一条半月形的沟），在阴影色的下方用亮色反衬，使下巴有一种向前翘出的转折。

短下巴的补救高招

特　点 中庭及上庭长度相等，下庭长度略短，也即短下巴。

补救方法 将提亮色集中在下巴尖端，靠近底部色度浅，向上与基础底色相糅合，利用人们的视错觉，产生延长下巴长度的效果。

② 面部横向比例失调的补救高招

面部横向比例是否和谐，主要是通过“五眼”的方法来观察衡量，因眼部是化妆三要素的重点，也是面部的核心，所以眼部的比例关系与面部的整体美密切相关。

眼距过远的补救高招

特　点 两眼距离略远易给人以开朗、豁达、年轻的外观感觉，但两眼距离过远，就会给人留下呆傻、愚笨的印象。

补救方法

1 画眼线和眼影时，在外眼角不能延长，尽量向内眼角方向描画，个别情况还要多向内眼角画出来一些，眉头距离不要处理得太远。

2 眼影不要向外眼角方向晕染，结构色的起笔位置可略向内眼角方向移动一点。

3 鼻侧影可以参照低鼻梁的修饰方法，在面的转折处加上阴影色、提亮色，使宽的眼距产生收拢的效果，眼影和鼻侧影要有机地相连，眼影色尽量向鼻侧影方向靠近。

4 眉头距离不要处理得太远，以一只眼睛长度为标准，综合修饰后，就会产生两眼距离拉近的视错觉。

眼距过近的补救高招

特　点 两眼距离偏近容易给人留下过于拘谨、内向、心胸狭窄的印象。

补救方法 通过对眼线、眉毛、眼影、鼻侧影等部位的修饰与色度的处理可将其矫正。

1 眼线和眼影尽量向外眼角自然地略微延伸，根据眼距过近的不同程度，画到整个眼睛长度的中间，千万不能画至内眼角，否则会加重眼距过近的缺陷。眉头不要处理得太近。

2 眼影向外眼角方向延伸，结构色的位置可以略微向外移。

3 鼻侧影不要处理得过近，偏近的眼距类型，可以在内眼角水平线部位不修饰鼻侧影，只使用在鼻梁两侧。如眼距近、鼻梁又偏低的类型，可以用浅红色或浅驼红色做鼻侧影，重点放在鼻根及鼻梁处的高光色的处理上。

4 眉头距离不要处理得太远，画眉头起笔时，有意将眉头放在略宽于一只眼睛长度的位置，这样综合修饰后，能给人两眼距离正常的感觉。

专家提示

修饰面部比例不协调所运用的化妆方法其实也就是专业人士所说的矫形化妆法，它主要通过利用色彩的色度和面部线条的形态位置的不同给人造成视错觉，从而达到矫正面形的目的。其遵循的原则是整体平衡、扬长避短、自然真实，以免矫枉过正而显得生硬和唐突，失去了容貌原有的自然生动及个性美。

小常识 common sense

色彩的视错觉

同样大小的两个圆，亮色的一个看上去比暗色的一个要显得大一些，这是因为亮色从视觉上会让人产生膨胀、前进、突出、跳跃的感觉，而暗色从视觉上会让人产生收缩、后退、内敛、沉寂的感觉，这就是色彩的视错觉。在矫形修饰化妆中，就是充分利用一些不同明暗的化妆色彩和材质，如粉底中的高光色、阴影色，眼影中的高明度色、低明度色、珠光色等所产生的视觉上的凹凸效果，来达到矫正化妆的目的。

【四】巧借衣领美化脸型

除了化妆外，还可以借助衣领来美化不标准的脸型，同样能够扬长避短，提升形象。

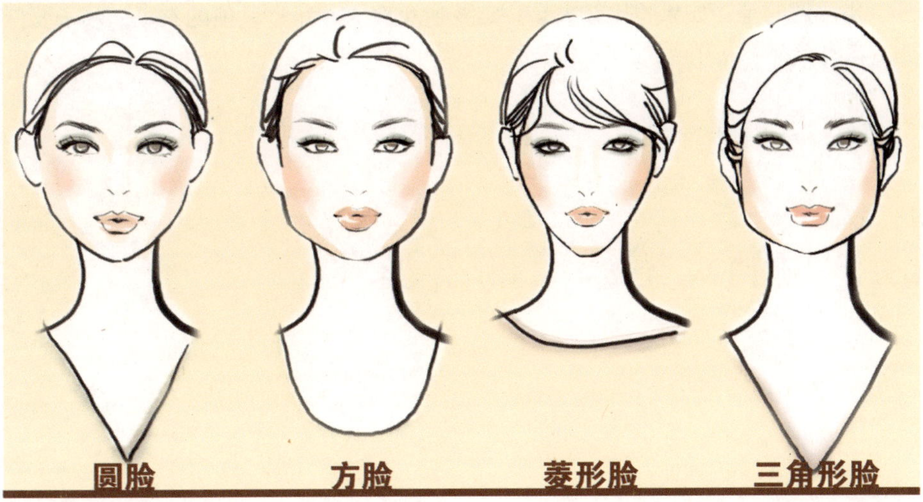

❶ 圆　脸

显得宽大、饱满的圆形脸穿衣时宜着重增加长度感，减少圆的感觉，因此，以V字型的领口来缓和最为恰当；穿圆领口衣服时，领口需大于脸型，这样脸会显得较小。

❷ 方　脸

这种脸型如果穿圆形衣领，反而更强调宽大的感觉，而U字型领口可缓和这种感觉。

❸ 菱形脸

这种脸型利用刘海将上额遮住后可增加上额的宽度，脸型便形成倒三角形，衣领的选择也就没有什么限制了。

❹ 三角形脸

V字型的衣领适合下颚宽大、上额狭小的三角形脸，可令脸看起来比较柔和。

要注意的是，如果脸比较大，一定要避免穿衣领紧贴颈项的衣服，领子要低些，而且不能太狭小。

【五】用酒窝增添面部羞涩美

酒窝是颊部审美的一个特殊现象，也称笑窝，是面部表情肌（笑肌）运动而使口角外侧出现的圆形或卵圆形皮肤凹陷，又称笑靥或双靥，多数人出现在颊部，其次是在嘴角旁，表情愉快时酒窝出现更明显。

女性如果双颊长有酒窝，会给人娇羞含蓄、温柔甜美的感觉，可以说酒窝是面颊部的又一道风景线。但据统计，只有大约15%的人天生有酒窝。因此，很多想给自己的容貌增添甜美韵味的女性希望通过整形手术给自己打造一对迷人的酒窝。这里，我们有必要来了解一下人工酒窝成形术到底是怎么一回事。

❶ 什么是人工酒窝成形术？

酒窝成形术，其实就是在口内颊黏膜做一小切口，在设计的酒窝定点处，除去部分颊脂肪，人为造成真皮与笑肌粘连，从而形成人工酒窝的一种外科手术。

② 手术方法分类

手术方法有两种，即皮下结扎法和口内切开法。

皮下结扎法

在面部定点处画3～5毫米短线，在与定点相对应的口内黏膜处做一个3毫米弧形小切口，切口长轴与鼻唇沟相平行。将带有丝线的直针由口内颊部膜的小切口上端刺入，从面颊皮肤上定点线上端穿出，再由同一穿出点刺入皮肤并在皮下真皮层走行3毫米，然后从皮肤定点线下端穿出，再从第二个穿出点第二次刺入皮肤，最后从内颊黏膜上小切口下端穿出，牵拉针线使面颊皮肤定点处出现凹陷。

口内切开法

在与口外定点相应位置的口腔内颊黏膜上做8毫米的横行小切口，将小切口分开暴露出颊肌纤维，将肌纤维夹出并剪除，再将口内颊黏膜与面颊定点处皮下真皮层缝合，人工酒窝就形成了。

皮下结扎法不适用于颊部脂肪较多的女性，此类女性需选用口内切开法。

酒窝成形术Q&A

Q 酒窝成形术适合每个人吗？

A 该手术特别适合面颊部较丰满、脸型比较可爱的女性，点缀两个酒窝后能使容貌更加甜美，而对于面颊消瘦，特别是“倒三角”脸型的女性来说，配上酒窝会很不协调。

Q 人工酒窝成形后是否自然？

A 术后早期的酒窝，由于缝线及增生瘢痕的作用，显得不够自然，即面部有无笑的表情时均有酒窝出现，缺乏动态美感。一般经过数周或半年以后，即可逐渐恢复到自然，即在说话、微笑时酒窝才会呈现，与天生的酒窝无二致。当然，这是指按照理想的定点位置用正确的方法做出的酒窝，如果相反，轻者显现不明显或效果不理想，重者弄巧成拙，不似酒窝反成坑。

Q 手术后应注意些什么？

A 做完人工酒窝成形术后，除服用抗生素3～5天预防感染外，最重要的是注意口腔卫生，最初几天用硼酸漱口液或生理盐水漱口，每天5～6次，每次饭后及睡前必须漱口。

饮食上也要注意，选择易咀嚼消化、富于营养的食物，如蛋糕、牛奶、豆制品、果汁、西红柿等；避免进食硬的及刺激性的食物，如油炸食物、葱、姜、蒜、辣椒、酒等，以减少刺激，防止摩擦伤口。

Q 术后有并发症吗？

A 该手术容易有的并发症主要是：

感染　多由于受术者口内细菌及手术造成的血液循环受阻而引起，严重者可继发软组织间隙感染，如舌下、下颌及下颌间隙感染。防治措施主要是术前认真消毒清洗口腔，术后常规应用抗生素。若发生软组织间隙感染应及时在口外引流，并加大抗生素剂量。

血肿　多由于施术中未充分止血，术后加压包扎不当引起。防治措施为术中充分止血，术后有效加压包扎。若血肿较大应及时清除血肿，重新止血包扎。

损伤腮腺导管或面神经　多半由于施术者对解剖不清或术中粗暴所致。损伤严重者需重新修复缝合。

酒窝形态不自然　人工成形的酒窝在术后半年内笑与不笑时均有，显得不自然，此点受术者应有心理准备。

PART 2

眼之美

【一】美眼标准

眼睛是容貌审美的核心，它的形态、大小、长宽、结构比例几乎决定了一个人容貌上半部分的美丑，因此美学家称人的双眼是“美的标识”。眼神还能透露出人内心的信息，因此常常又被称为“心灵之窗”。

东方女性本就以柔媚温婉、内敛大气取胜，不同于西方女性的惊艳绝伦、咄咄逼人，因此配以中国人的面貌特点，中国美女的眼睛应该拥有自己独特的、不同于西方美女的标准。

① 中国传统美眼标准

中国传统审美观认为圆若杏仁的杏仁眼以及细长的丹凤眼都是美的，同时眼波应清澈澄净如秋水，眼神应灵动有神韵，顾盼间秋波流转，盈盈动人。

对于这两种标准美眼的描写，可从中国四大古典名著之一的《红楼梦》里找到范例：金陵十二钗之一的薛宝钗长有一双如水杏般的美丽眼

睛，王熙凤则长有一双妩媚丹凤眼。

如果一个人的眼睛能同时融合杏仁眼和丹凤眼的神韵，眼形如水杏而眼尾又上挑，就是美到极至，比如美女明星范冰冰的眼睛就具有此美感。

② 现代美眼标准

由于时代和审美观的变化，如今被认为最美的眼睛应该包含如下几大要素：双眼皮、眼形好、睫毛长而浓密、眼睛大而有神韵、无眼袋。

由此看来，双眼皮是第一审美要素。风格古典、细长的丹凤眼不再符合现代人的审美标准。难怪整形美容中的割双眼皮手术是如此火爆，因为它圆了单眼皮女性的美眼梦。

▼ 链 接 interlinkage

关于双眼皮

双眼皮又叫重睑，存在于眼睛的上方，它并不是作为眼睛的一个装饰品，而是与眼睛血脉相连的一部分，是眼睛的一个美丽因素，由于双眼皮使眼皮上方出现了一条内陷的缝隙，于是，靠近睫毛的眼皮自然而然地被往上提，眼睛由此被拉大了。并且双眼皮在眼睛上方活动性地存在着，眼睛在一张一阖之间双眼皮也在不停地变动，这就增强了眼睛的灵动性和美感。可见，双眼皮作为美丽的一大因素是很有根据的。中国美女的双眼皮不同于欧化的双眼皮，一般较轻盈，偏窄小，不同于欧化的凝重与宽大，而与中国人秀气的整体气质相协调。

眼形好，具体讲就是指眼睛的形态要漂亮，眼部的结构比例符合审美要求。不同的眼形体现出的审美效果是不一样的。漂亮的眼形应该是长条形的，中间宽，顺着眼角逐渐变细；内眼角有内陷的弧度，较长；外眼角有上扬的弧度，使双目呈现出神采飞扬的动感。人们通常又把这种形态最美的眼睛称为“桃花眼”，如果再加上水汪汪、灵动清澈的眼神，就更加具有赏心悦目的特质。面相学也认为这种“桃花眼”是最好的。

链接 interlinkage

专家眼里的眼形美

不少专家研究认为，美丽的眼睛形态是：眼裂长度应为28～34毫米，宽为10～20.5毫米。上睑最高点为中内1／3处，下睑最低点为中外1／3处。睁眼时，内眦高于外眦，整个上睑软组织较薄而显清秀，睑缘全部可见，上睑睫毛略长而稍向上均匀散开，下睑睫毛略短而稍向下均匀散开。眉毛下缘至上睑缘距离为22毫米左右。两眼内眦间距离为3.5厘米左右。角膜露出率为75%。这样的眼部形态给人一种完整的美感。

小常识 common sense

眼睛的形态类型

杏仁眼 被认为轮廓完美的杏仁眼，其线条轮廓有节奏感，外眼角朝上，内眼角朝下，眼睛两端的走向明显相反。

丹凤眼 被中国传统认为是最妩媚、最漂亮的眼形。眼睛形状细长，眼裂向上、向外倾斜，外眼角上挑，多为单眼皮或内双。

深陷眼 深陷眼是由眼睑过分深陷、眉弓特别突出造成的，使人感觉棱角过于分明。

厚凸眼 厚凸眼是指眼睑肥厚，骨骼结构不突出，外观有平坦浮肿的感觉。

下挂眼 下挂眼的眼形内眼角高，外眼角低，让人感觉有凄苦之相。

上斜眼 上斜眼是指内眼角低，外眼角高，这种眼型给人感觉比较小气。

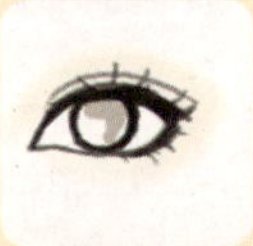

小圆眼 顾名思义，小圆眼是指眼睛又圆又小，这种眼形并不多见。

从眼睛大小来看，如今公认大眼睛比小眼睛漂亮。从人与人之间相互欣赏的发生学角度来看，当一个人和另一个人交流时，他会很自然地看着对方的眼睛。心理学研究也表明，眼睛大的人对他人的吸引力明显大于眼睛小的人，说明大眼睛与美丽共存的可能性要高出很多。

对于眼神的审美，古人和今人的看法大致相同，都认为要有神韵、顾盼间秋波流转。如今人们通常把有这样一种眼神的眼睛称为“电眼”，有如此“电眼”的女性自然就被称作“电眼”美女了。

只要我们放眼望去，就会发现不论是影视里还是身边人群中，所有堪称美女的人多是双眼皮、大眼睛，都有灵动的眼神以及或天生或后天打造出来的一双卷翘的长睫毛。

▼ 链 接 interlinkage

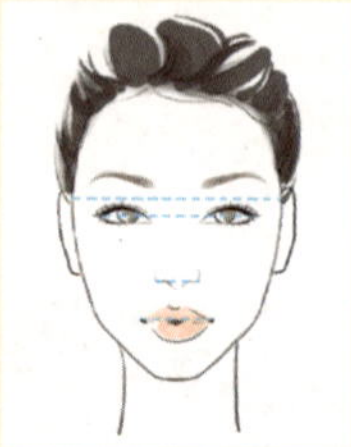

眼睛在面部器官中的位置比例与容貌美的关系

眼睛的美还与面部其他器官之间的相互位置关系有关，比如左右鬓角之间与两眼外眼角之间的距离、两瞳孔与两嘴角之间、两嘴角与鼻底宽度之间的距离，最好的比例应是1.4：1，很多影星、模特们的面容上都能找到这一比例。

【二】眼妆的三大重点环节

一个好的眼妆，可以美化修饰、修正不够美或稍有缺憾的眼形，取得美眼效果，使整个面部看起来更出彩。眼妆包括了画眼线、晕染眼影及涂刷睫毛膏三大重点环节。

① 画眼线

眼线笔的选择

市面上的眼线笔大致可以分为铅笔状和液体状两种，眼线液画出的效果会更深一些，线条更明显，而眼线笔则显得柔和一些。

标准画法

只画眼皮的褶皱处，先画上眼线，再画下眼线。画上眼线时，从内眼角开始画，紧贴着睫毛根部的外沿描至眼尾，内眼角的线条要细而浅，外眼角的线条要粗而重，眼尾可适当延长并上扬。画下眼线时应从外眼角画到内眼角，只画眼长的2/3，或是只画眼头和眼尾，上下眼线的比

例为7：3。

具体操作

画眼线时，眼睛向下看，可以清楚地看见整个眼睑，用左手轻轻按住眼睑，右手握笔，沿着睫毛根部，慢慢地一线画过。完成眼线后，用棉棒轻轻晕开，会使效果更柔和自然。

粗细长短

眼线的粗细长短可以改变一个人眼睛的形状，并起到修正眼部缺陷的作用。比如在眼线的中心部位画粗一些，眼睛就会短一些，大一些；在眼尾将眼线适当延长，眼睛就会狭长一些；下眼线比上眼线画粗一些，眼睛的位置就会被降低，显得面部更活泼；上眼线画得更重一些，会起到抬高眼睛位置的作用，显得成熟稳重些。

色彩选择

眼线的颜色有很多种，在专家看来，亚洲人用咖啡色系和灰色系最自然；皮肤白皙的人比较适合用咖啡色系，皮肤较黑或是想制造浓妆效果的时候，用黑色的眼线效果不错。此外，橘红、暗红和金色都是东方人适合的眼线颜色，不过用时更要注意和衣服、眼影等的色彩搭配。

专家提示

初学画眼线的人最好先学使用铅笔状眼线笔，等熟悉了手部动作以后，再开始使用眼线液。

注意眼线应在眼尾处有小的分开，不要画成一个框。

一定要使用比眼影深一色系的眼线笔，才能使眼睛看起来乌黑有神。如果画坏了，用化妆棉棒沾上少量卸妆液修改，千万不要用手去涂。

眼线的粗细长短要根据每个人自己的眼睛形态与面部特点而定。

为了适应季节变化和整体妆，偶尔也可以试着用用紫色眼线，将会产生与平时截然不同的效果。因为华丽的紫色眼线不仅能使眼睛看起来更大，还可以使白眼球看起来更白、更分明，它使人的视线都集中在呈现紫色的瞳仁上，配合紫色眼影，双眼会别具魅力。

② 晕染眼影

眼影晕染对色彩感要求比较高，必须根据肤色、年龄、身份、服饰以及具体场合来进行恰当的搭配。好的眼影颜色搭配，不仅能突出眼部的特点，更能增加眼部神韵和立体感，起到锦上添花的作用。

▼ 小常识 common sense

怎样鉴别眼影的优劣?

一看眼影的黏着度是否良好 喜欢随身携带眼影的女性会发现，有时眼影盒里的粉质眼影会变得像调色板上的颜料那样杂乱，脱落程度越严重则表明质量越差。

二看是否容易涂抹开 用指尖蘸上眼影在手背上涂开，按用力的方向把手指的痕迹涂平，如果涂时很容易涂开，涂抹后看起来又很均匀漂亮，就是优质眼影。相反，如果很难涂抹开，涂起来不光滑，颜色又与从外观上看时不一样，就不是好的眼影。

三看光亮度 新的眼影表面做得很平整，很难看出珠光的亮度，不要只从表面上判断，应该用眼影刷或化妆棒在表面擦几下，看其亮度是否自然，这样可以得知其涂在眼皮上的效果。光亮度越自然表明其质量越好。

眼影选择

现在市面上的眼影有粉状、膏状、笔状和液体状等几种，其中以粉状眼影的使用最为普遍。

具体操作

从眼睑处睫毛根部开始上色，由眼头至眼尾方向抹开，一次上色应该淡一些，通过多上色几次来达到效果。再顺着眼睛的幅度将眼影晕染开，最后将浅色眼影刷在眉骨上。

单色与多色眼影的运用

单色 单色眼影的运用最简单，只需按常用方法操作即可。不过，单色眼影造型

的可塑性很小，只是单纯起到给眼部上色的作用。

多色 按照色彩来分，多色眼影的涂抹可以分为近似色法和对比色法；按照涂法来分，可以分为表现结构的涂法和起装饰作用的涂法。

小常识 common sense

几种最常用眼影颜色的特点

一般来看，棕色、粉红色、紫色、蓝色、黄色、绿色是东方人最常用的几种眼影颜色，它们各有特点。

棕　色 属于中性色调，很容易与皮肤搭配，显得自然大方，不会出错，但是也很难出彩。

粉红色 属于明亮色调，具有调和性，柔和，妩媚，可起到强调眼部明净的效果。

紫　色 是一款很能强调东方人肤色和眼形的颜色，具有神秘感，可使眼部显得妩媚，不过皮肤黑的人要慎用。

蓝　色 属于对比色，具有跳跃性，不适合大面积使用，可做装饰色用在内外眼角及眼皮褶里，起到点缀的效果。

黄　色 属于柔和色，比较容易使用。可用做逆阴影色，用于表现眼睛的结构，也可用做装饰色。

绿　色 属于中性色，具有跳跃性，适合涂在眼皮褶或小面积使用，有清新感。

专家提示

晕染粉状眼影的时候最好用三种大小不同的刷子（粗刷、中刷和细刷）来完成。大面积的地方如整个眼睑，使用粗刷能使眼影分布均匀，且能制造出朦胧的效果；小片的地方如眼周围，适合选用中刷；眼角处则适合使用细刷；眼窝处则应根据实际的宽度选择中刷或细刷。

通常情况下，靠近上眼线的地方要用深色眼影，慢慢由下向上逐渐变浅直到眉部，眉部的颜色应该是最浅的。刷眼影时应该注意比眼线略微长一些。

使用多色眼影时，不管哪种涂法，都应该遵循下面的颜色分布方式：

主色　眼部最基本的颜色，画在眼皮褶上下，不超过眼皮褶的1/2。

副色　应该比主色浅一些，从眉下部1/3处或是眼尾至眼头1/2处开始画。

柔色　比副色更浅，画在眉骨和眉毛的1/2或1/3处。

眼影怎样和肤色、年龄相协调?

根据东方人的肤色来看，白皙的皮肤适合任何色

彩，而粉红色更能衬托出白皙皮肤本身的光彩。偏黄的皮肤比较适合棕色、橙色。而健康的小麦肤色更适

合金棕色、绿色、橙色等比较亮的色彩。

就年龄来看，年轻的女性适合用含有亮粉的浅色系列，切忌使用多种颜色，使用单色系，可以体现出其青春活泼的特质。成熟女性也可以使用粉红色系，会显得相对年轻；也可以用比较深的颜色，如紫色、蓝色、金棕色等，会显得成熟、性感。

③ 涂刷睫毛膏

如果说眼睛是心灵的窗户，那么，睫毛就相当于是窗帘。涂刷睫毛膏，是让这个窗帘变得更美丽的重要一笔。

工具准备

涂睫毛膏之前，要先准备好化妆棉棒、干净的睫毛刷、睫毛梳、睫毛夹和睫毛液等相关工具。睫毛夹一定要选择适合自己眼睛弧度的那种，至于质地，则可以根据自己的喜好而定。睫毛膏则可根据自己的需要选择适合的功能和颜色。

具体操作

用化妆棉棒蘸化妆水轻轻擦净睫毛，再扑一点散粉在上面。

再用睫毛夹夹住睫毛根部，夹紧停留几秒钟后，继续用此法夹睫毛中段直到睫毛尖部。

然后打开睫毛膏，注意不要直接拉出来，动作要慢，至开口处旋转一下，将多余的睫毛膏去掉。

把化妆镜放在低一些的位置上，双眼向下看，开始涂刷。涂刷的时候，要从根部由内向外涂。可先涂一层透明的睫毛膏，再涂有颜色的睫毛膏。

专家提示

东方人一般准备两种颜色的睫毛膏就可以了。毛发颜色深的，准备黑色和透明色；毛发颜色浅的，可用咖啡色和透明色。

彩色的睫毛膏适合年轻娇艳的小女孩或盛妆场合使用，最好根据眼影色调选用同色系的睫毛膏，如蓝色眼影配蓝色睫毛膏，紫色眼影配紫色睫毛膏，这样协调配合会使双眼更有神采、更妩媚。平时可以在用了本色睫毛膏以后适当取一点刷在睫毛尖上，增加效果。

使用加密的睫毛膏时一定要谨慎，使用不当的话会给人很不自然的感觉。不管什么颜色和功能的睫毛膏，最好能防水。

最好选择两头均可使用的那种睫毛膏，即一端带较粗的睫毛刷、一端带较细的睫毛刷的那种。粗的一端可用来涂刷较重的、芭比娃娃那样的又长又浓密的睫毛，细的一端可使细小的眼睛明亮动人。

涂刷睫毛膏时要特别注意下面几点

刷上睫毛的时候，睫毛刷和睫毛成平行状，用“Z”字刷法，不要一次涂太多，刷完一层，等干了以后再刷第二层，这样可以制造出纤长浓密的效果。一般情况下，刷两层就可以了，刷得太多，睫毛会太重，在眼部形成阴影，使眼睛看起来好像有黑眼圈。

刷下睫毛的时候，睫毛刷和睫毛成垂直状，用睫毛刷的尖部轻轻涂抹下睫毛，刷一层就可以了。注意睫毛刷的尖部不要沾过多的睫毛膏，因为在下睫毛有睫毛膏结块的现象会很不好看。如果你怕睫毛膏沾染

在眼下，可以在眼下垫上一层薄纸巾。

刷的过程中，要不断用化妆棉棒清洁沾在皮肤和眼皮上的睫毛膏，对粘在一起的睫毛要用干净的睫毛刷或是睫毛梳梳开。

在刷好的睫毛上扑上一层散粉，然后再刷一层睫毛膏，不仅可以使睫毛显得更长更密，而且容妆的效果也会更加持久。

刷完以后不要眨眼睛，至少等10秒钟，睫毛膏干了以后再眨眼。

刷好了的睫毛不可再用睫毛夹夹它了，因为这时候睫毛已经变硬了，再夹就很容易弄断。

【三】不同眼形的修饰妙法

① 单眼皮修饰妙法

特　点 圆滑的眼皮上没有眼褶，且轮廓较浅，缺乏立体感。

修饰方法

1 用咖啡色、黑色眼线来加强眼睛的立体感，注意只画上眼线或下眼线，如果上下都画出来，反而使眼睛看上去显得更小。眼线应略微延伸出眼尾。

2 单眼皮女性的眼窝深邃度通常不明显，使用深色系眼影向上做浅淡晕染，直至眼窝处，再使用颜色较浅的眼影将眼窝部分轻轻刷满，制造出眼部阴影，眼睛的深邃度和立体感就会明显增强，使眼睛显大。晕染时要注意着色的范围尽量紧贴眼球位置的弧形（想掌握得好可先闭上眼，用手指在眼皮上感觉一下眼球的凹凸感），把眼影涂在整个半圆的眼球位置上。越接近眉角处越要涂得深一些，宽一些，这样可令眼睛看上去更有神。如果在眼眉和鼻子的中间部位涂上一层鼻影，可令单眼皮独具魅力。

也可在上、下眼皮上涂上一层深色系眼影，然后在眼头和眼角部位着重涂上一层白色眼影，这样也可使眼睛显大。

3 不要把睫毛夹得太卷，太卷曲的话会令眼睛显得更加不自然。若本身睫毛浓密，用有增长效果的睫毛膏可以令双眼看起来更大、更深邃明亮；如果本身睫毛

稀疏短少，可考虑粘贴假睫毛，来营造大眼效果。

② 内双眼皮修饰妙法

特　点 眼部显得平坦，缺乏立体感。

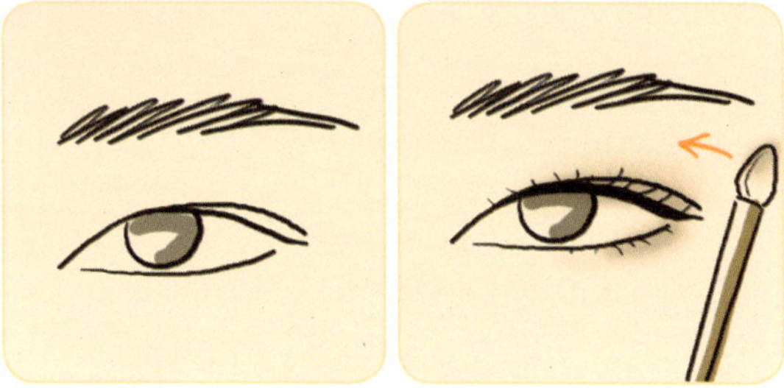

修饰方法

1 用眼线笔沿眼角至眼尾的睫毛边缘画上一条细的上眼线，不要超出眼眶的范围，然后使用眼线液叠画一层在眼线上。可以在下眼皮画一条白色的隐形眼线，会使眼睛看上去更大。

2 内双眼皮的人不宜选用深色眼影，应先在上眼皮处以柔和色调的眼影打底，然后晕刷上具收敛感色调的眼影。晕染时要从眼尾到眼角轻而快地晕刷开，千万不要弄错方向，否则会产生“金鱼眼”的相反效果。

3 内双眼皮的人在眼睛睁开时，睫毛一般会显得向内凹陷，所以一定要使用睫毛夹将睫毛夹至卷曲，只在下眼睫毛的中间部分涂刷睫毛膏，在眼尾处涂刷略比眼影色深的睫毛膏。上眼睫毛最好不刷睫毛膏，因为上眼睫毛很容易因凹陷而触及下眼皮，弄脏眼下皮肤。

③ 深陷眼修饰妙法

特　点 深陷眼窝使人感觉骨骼结构过于明显，棱角过于分明，其优点是整洁舒展，缺点是年轻时显“大人相”，年老时显憔悴。

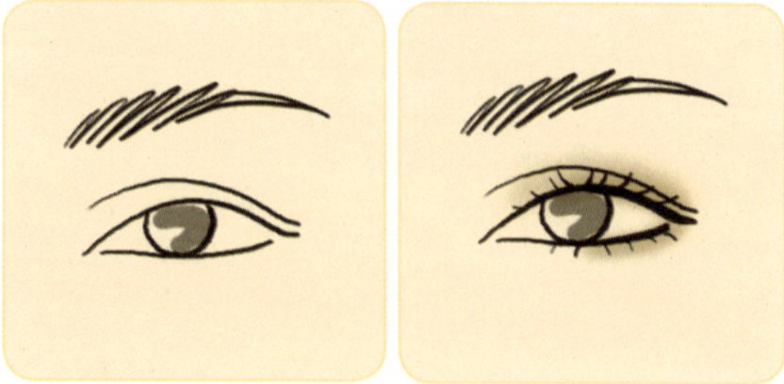

修饰方法

1 用棕色或黑色眼线笔沿下眼睑画出眼线，然后在上眼睑褶皱处窄窄地描上一条深色眼线。

2 在最深陷的位置用淡黄色、淡米色或淡粉红色等浅色、明亮的眼影（可以略带一些荧光成分）晕染打底，减缓眼睛深陷感；在过于突出的眉骨部位用深色眼影控制突出的感觉；靠外眼角部位再选用温柔的水蜜桃色或浅粉红色、浅橙红色作晕染。晕染的关键是这几种颜色要有机衔接，使用的位置也要准确，才能将容易产生年龄感的深陷眼窝修饰得恰到好处。

④ 下挂眼修饰妙法

特　点 眼睛的内眼角高、外眼角低，使人显得沉稳、成熟、和气，同时给人忧郁、衰老和缺少活力的感觉。

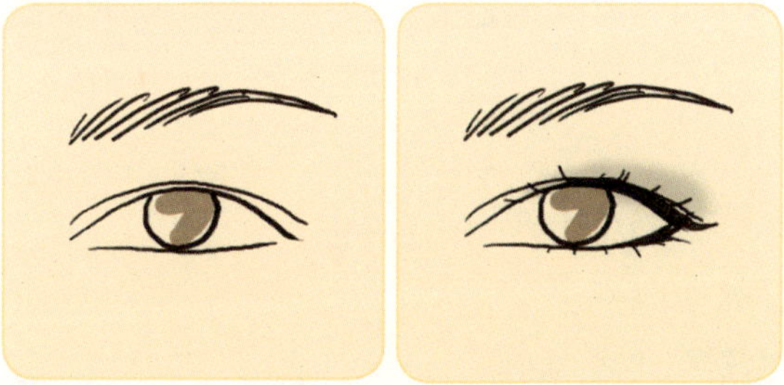

修饰方法

1 在外眼角开始落笔描画眼线时，不能在原眼角开始，应根据眼角下斜的不同程度，适当提高下笔的位置。向内眼角方向描画时，不能一直描到内眼角，这样会强调已经偏高的内眼角，可以画到眼睛长度的中部就消失在睫毛线以内。上眼线要强调眼尾，内眼角描画得细浅，外眼角眼线要粗宽，并高于眼尾轮廓。下眼线则前粗后细，内眼角向下画，略平而且宽些，外眼角随眼轮廓向上收。

2 画上眼影时，要在外眼角用强调色有意识地向斜上方晕染，下眼影不要强调外眼角的下方，可以在内眼角下方稍加一些浅棕色眼影收敛，面积要小而低，外眼角也用强调色向上晕染。

3 眉毛不要处理得过于弯曲，可以作平行或略微上扬的表现。

⑤ 上斜眼修饰妙法

特　点 也即吊眼，内眼角低、外眼角高，眼尾上扬，给人机敏、年轻有活力但又严厉甚至冷漠的感觉。

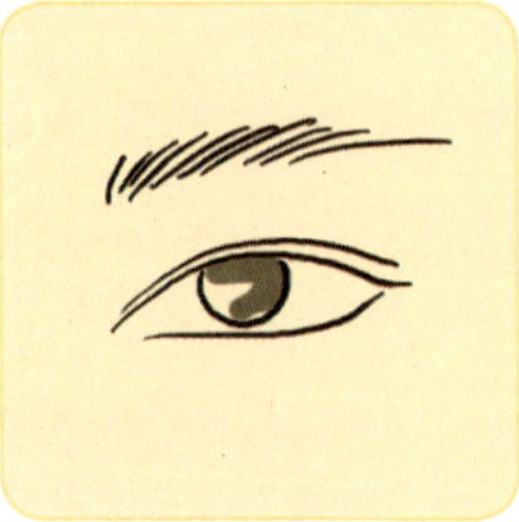

修饰方法

1 在描画眼线时，外眼角落笔要低，甚至可以从外眼角的下眼线末端开始向内眼角方向描画，内眼角的上眼线可适当加粗并尽量拉平，但是不能以粗粗的黑线来表现，如果用下面黑、上面棕的色度矫正会使人感觉自然可信。下睫毛线在外眼角部位要大胆地描画，可适当加宽加粗，从眼尾画至眼部的1/2处，这样再配合眼影的平行晕染及略微弯曲的眉形就可将上斜的眼形矫正过来。

2 从眼头开始，用偏暗的深色眼影作由深到浅的晕染，越到外眼角越浅，下眼尾部位也用相应的眼影色稍作晕染。

专家提示

对于单眼皮女性来说，要使眼睛大而有神，眼影色的挑选很关键。在资深化妆师看来，单色深色系眼影如咖啡色、褐色等很适合单眼皮女性，化妆后颜色较明显，可塑造出凹陷的错觉，给人若隐若现的眼褶的感觉，能使眼睛放大，具有深邃的视觉效果，但应注意颜色不要太深，否则会令人觉得太假。

有些色调（浅色系如白色、淡粉红色等）会令本来看起来就有些浮肿的单眼皮眼睛更显浮肿，因此要避免使用这类色系的眼影；也不要选用有彩光效果的一类眼影，光亮的效果在没有阴影的衬托下，只会令双眼轮廓变得更平，更缺乏立体感。此外，还要避免眼影多色重叠的画法。

若要强调增大双眼的效果，可在下眼睑处刷上些与上眼睑同色调的眼影。有性感气质的女性可选用棕、褐色系的眼影，眼睑处深些，眼窝处浅些，也可贴美目贴来重塑眼睑形态。

对于眼窝深陷、有着天生的小麦肤色的女性，金棕色眼影是不错的选择，在突出女人魅惑魅力的同时，还可使肌肤看上去更加明亮妩媚。

若眼皮较松，可采取粘贴法，将“美目贴”剪成眼睛长度一半、呈月牙形的细条，贴于外眼角，使下垂的眼角略往上提。还可采用粘贴假睫毛的方法进行修正，将假睫毛贴在眼尾处，离开自己的睫毛约2毫米，再用睫毛液将原有的睫毛与假睫毛粘贴在一起，可以在视觉上起到提高眼角的作用。

【四】眼镜美女眼妆技巧

女性戴的眼镜包括框架眼镜和隐形眼镜两类，由于它们形态不同，对妆容视觉效果的影响也不同，因此，上眼妆时要考虑的因素、使用的技巧和应注意的细节也有所不同。

① 戴框架眼镜女性的眼妆技巧

框架眼镜又分近视和远视两种。近视眼镜的镜片会令眼睛看似缩小，远视眼镜却有放大眼睛的效果，因此化妆时各有侧重。

戴近视框架眼镜者的化妆技巧

1 眼线要描深描浓些，使眼睛有所扩大，因为镜片的反光作用会相应减弱眼线描画后的痕迹。

2 涂眼影时，最好用同色眼影的深浅变化和分明的层次来强调眼睛，如从深咖啡色渐至咖啡色等，先在上眼睑边缘处用深咖啡色眼影，然后慢慢过渡到眉下。眼影色彩以单色为好，因为镜框与镜片增加了面部的额外内容，眼妆必须相对简洁与单纯，丰富的眼影色反而会减弱眼睛的印象。使用色彩亮丽的眼影会使你的眼睛更显大一些。

3 卷睫毛与刷睫毛膏对于短小睫毛很必要，但如果本身睫毛很长，卷睫毛、染上睫毛膏后易触到镜片上，使视线模糊不清，因此要根据睫毛长短情况而定。睫毛短小者可尝试亮色、加强卷翘效果的睫毛膏，这样可使眼睛看上去更亮更有神。

戴远视框架眼镜者的化妆技巧

眼线 眼睛较小者，可适当地加以修饰，画上细细的眼线，配合浅色的眼影，这样戴上眼镜后眼睛会显得又大又美。眼睛大的人不必过多过重地描眼线，笔触要淡，以免镜片放大化妆的痕迹。

眼睫毛 不需过多的修饰，给睫毛涂上睫毛膏之后，用睫毛梳梳理干净，如果残存小点或结块，会被镜片夸张放大。采用纤丽睫毛膏就好，不要用浓密睫毛膏加强睫毛效果。

眼影 眼影色尽量淡些，与肤色接近，以使妆容显得柔和淡雅。应避免繁杂，否则在镜片的放大作用下会出现五颜六色的效果。因此涂单色或双色眼影比较合适，浅褐色、灰红色、淡紫色、珍珠色等中性色调尤为理想。

小常识 common sense

怎样让装饰性框架眼镜与妆容更协调？

变色眼镜

佩戴变色眼镜时，一般涂上浅浅的暖色调或明亮的珍珠色眼影较为适宜，因为镜片的深浅变化会对眼部色彩产生影响，如蓝色眼影在红褐色镜片下变成土灰色，而红色眼影在镜片下则成了褐色。另一种方法就是只描画眼线，省略眼影，这样会使眼睛更有神。

金属细框架眼镜

金属细框镜架令人看上去斯文娟秀，化妆重点在于细致、简洁和单纯。眼线或眼影以棕色基调为佳，注意将眉毛的杂毛修齐，并用最接近眉毛的眉粉轻刷，突出眉形，上下睫毛略卷，并刷上黑色睫毛膏。唇彩以淡雅的浅橘、浅紫红和粉红以及瑰丽的大红为主，整个面妆强调一种高雅清丽的气质。

琥珀彩纹框眼镜

琥珀彩纹框镜架既古典又活泼，既柔美又性感，且装饰性强，因此，化妆应相对“靓”一些，配合镜框，可选择墨绿、宝蓝、冰蓝或茄紫色的眼线笔或眼影，上下睫毛需以黑色睫毛膏补强，最好在上睫毛再刷一层纯棕色的睫毛膏令眼眸更俏丽。唇彩配合镜框的色彩，多取艳红、玫瑰红、银紫或紫红等较亮艳的色彩，给人以妩媚性感的印象。

复古圆形细框眼镜

复古的圆形细框镜架，有学院派风度，显露智慧和自信，化妆应避免带银粉的亮彩眼影和其他夸张色调的眼影和睫毛膏，以淡灰色或淡棕红系列为佳，用眼线笔勾出眼线，眼尾稍稍提高。眉毛应清淡且配合镜框模样，着重展露自然清纯气息，唇彩以含蓝调的红最为古典俏丽。

专家提示

戴框架眼镜应遵循的共同原则

无论是佩戴远视还是近视框架眼镜，眼影范围都不要超过镜框大小；

若佩戴镜架造型夸张的眼镜，妆容要越自然越好；

画眉时要注意看眼镜框的上边弧线是否与眉形相吻合，不过吻合不意味着完全重合，一般以上边线与眉平行为佳，切不可框线下垂而眉形上扬，这样看起来会显得很凶。另外，描眉的眉笔色调应尽量与镜框的颜色相配。

② 戴隐形眼镜者的眼妆技巧

戴隐形眼镜固然方便和美观，但如果化妆时稍有不慎，就可能出现一些问题，比如，化妆品进入眼睛后损伤镜片，对眼睛造成刺激等，因而要特别注意以下的化妆技巧：

1 化妆前先洗净双手，戴好镜片后再开始上妆，这样一方面可以看得更清楚，另一方面可避免化完妆后再戴眼镜弄脏妆容的问题。

2 使用粉扑或蜜粉时，眼周要轻轻地按及抹，切勿用力扑打，那样粉末小颗粒容易散开而进入眼睛；多余的粉可用较大的刷子慢慢地刷下来。

3 画眼线时不可太靠近眼睑内侧，防止刺激眼睛；可选择不易脱妆的液状、粉状或胶状的眼线，较不易糊掉。

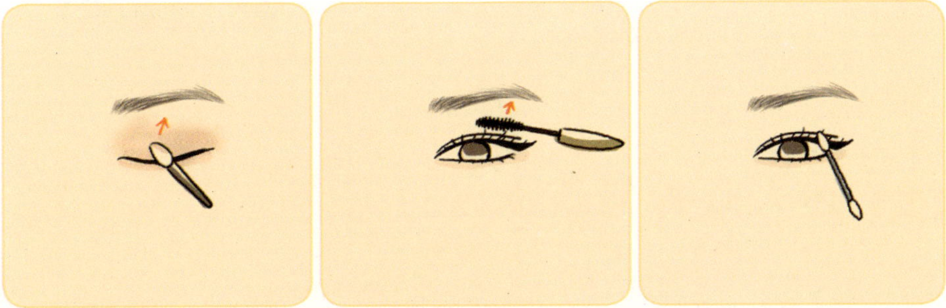

4 涂眼影时，使用无蔓延性脂类眼影（如粉状眼影）效果较好，几乎不用压力就可方便地上色；垂直方向涂比水平方向涂要好，可避免眼内的隐形眼镜移位。

5 刷睫毛膏时，要一根一根慢慢、轻轻地刷，千万别让小刷毛掉到眼睛里。刷完后不要立刻眨眼，至少等10秒后待睫毛液干了才可自由地眨眼。睫毛膏不可用细毛刷的那种，以防其进入眼内；要选择优质的睫毛刷，以不容易脱落的为好。

6 卸妆时，先洗手，摘下隐形眼镜后，用棉签蘸一些卸妆液轻轻涂擦在上下睫毛根部以及下眼睑，此时眼睛要闭住。当眼部清洁后，再用洁面产品和清水冲洗掉所有剩余的化妆品及卸妆液，直到完全清爽为止。卸妆液以水溶性或无油脂一类的比较好。

专家提示

当镜片在眼内时，如果要喷发胶或香水，必须闭着眼睛喷洒，并立即从湿润空气中走出来。

用于眼周的化妆品、保养品最好是清洁无气味的水溶性产品，避免使用油质类产品，否则易进入眼内而使隐形眼镜混浊或受损。

在化妆过程中，如果眼睛不适要尽快检查原因，看是化妆品污染，还是镜片出了问题，并且采取相应的措施。

【五】迷人眼神修炼魔法

① 眼神的魔力

眼神是指人的目光所流露出的自然神态，它是通过眼睛来传递情感的一种态势语，是表露心灵的一扇窗。瞳孔的变化，眼球的活动，直接受脑神经支配，因

此，人的内心感情和心理活动能从眼神中反映出来，即使是一瞬间微妙的眼神变化，也足以传达出内心真实的情感和想法，泄露你心底所思所想。迷人的眼神总能让人印象深刻，正如歌里所唱的那样“虽然不言不语，却让人难忘记，那是你的眼神，明亮又美丽……”一双有着妩媚、灵动眼神的眼睛无疑能弱化面部其他器官的不足和缺憾，增添容貌的美。

在人际交往和男女两性关系中，如果你善于借助眼神来表达你的内心，善于从眼神了解对方的心，带给对方“她的眼睛会说话”、“她真是个善解人意的女人”这种印象，无形中也提升了你的个人魅力。

当然，在不同的场合，面对不同的人，眼神是有区别的。道理很简单，如果你用看情人的眼神去看你的同事或朋友，那是不恰当的。

❷ 迷人眼神的修炼

怎样才能拥有迷人的眼神呢？这是需要经过一番学习和修炼的。

日常交往中的眼神修炼

打招呼时让对方从你的眼神中读出微笑。具体做法是：打招呼之前，先用眼睛静静地看对方一秒钟，停留一下，将对方的面容印入脑海，然后从眼睛开始，让温暖的笑容从眼部流泻出来，再慢慢扩散至整个脸庞。一秒钟的目光停留，是为了给对方一个尊重的礼遇和专有的笑容，容易让对方留下深刻的印象和好感。

倾听中要不时地用眼神做出反应。倾听他人说话时可以略微垂下眼皮，若有所思地点头，但持续时间不可过长，同时要时不时地抬起眼睛，用赞同、疑惑等眼神与对方进行交流。

两性关系中的眼神修炼

在男女之间，凭借眼睛“放电”是感情交流的重要方式，不同的眼神有不同程度的电波，不同个性的人对不同的电波有不同的感应力，平常说的“来电”、

“不来电”，就是指彼此眼神交会的一刹那，有无心灵相通的感觉。如果想增加对对方的吸引力，用“电”眼去俘获他的心，也可以学习如何让眼神更带“电”、如何更会“放电”。方法是：

首先应掌握如何注视他。传情的眼波绝对不是死盯着对方看，最好的做法是，先注视对方5～10秒钟，之后就转开眼睛2～3秒钟，然后再笑意盈盈地迎接他的目光，注意不可太逼近地凝视对方，否则你透过眼神传达出的就是“凶悍”而非“情意”了。

开始时，你可以对着镜子，想象它是你心中的对象，反复练习妩媚、柔和、专注的眼神。这种眼神一定要真诚和由心而生，能不能做好的标准是首先能不能感动你自己。在摸索和练习的过程中，你可以多看一些经典、感人的爱情影视剧，多观察剧中男女之间怎样用眼神，多模仿，多练习，这是修炼情感眼神的一个好方法。

以上两类眼神的修炼，都需要对着镜子反复练习。

③ 美化眼神的眼部体操

常做眼部“体操”可提高眼球、眼睑运动的幅度、灵活性和可控能力，令眼神更为灵动，从而美化眼神。因此，我们平时不妨多做做眼部“体操”，加强眼神训练。

1 自然站立，头部正直，下颌微收。练习中，头部的位置始终不变。

2 眼睑抬起，瞪大眼睛，正视前方某一物体，努力将其看清。

3 眼睑渐渐放松，眼球回缩，虚视前方。

4 眼睑抬起，目光自左向右缓慢扫视，直至看到最侧面的东西，目光所到之

小提示

要想眼神迷人，眼睛的光泽和神采很重要。为此，在饮食方面可多吃一些含维生素A的食物以帮助眼睛保持、增添水润和生气，让眼神更有光采。

小常识 common sense

瞳孔表达你的喜怒哀乐

瞳孔的变化，眼球的活动，直接受脑神经的支配，所以人的情感自然就能从眼睛中反映出来。瞳孔的变化是人不能自主控制的，它的放大和收缩，真实地反映着复杂多变的心理活动。若一个人感到愉悦、喜爱、兴奋，他的瞳孔就会扩大；相反，若感到生气、讨厌、消极，他的瞳孔会收缩得很小；瞳孔不起变化，表示他对所看到的事物漠不关心或者感到无聊。

处，努力看清视线内的物体。

5 目光由右向左扫视，方法同上。

6 目光由下向上缓慢扫视，眼睑尽量向上抬，直至看见最上方，目光所过之处，努力看清视线之内的物体。

7 由上向下扫视，直至看见自己的前胸，但应控制眼睑的下落，不使其遮住瞳孔。

8 目光缓慢向右斜上方斜视，右眼睑比左眼睑抬得更高。

9 目光缓慢向右斜下方斜视，右眼比左眼用力稍大。

10 双眼从左侧视起，经由上—右—下方向，按顺时针转动一周，环视幅度尽可能大，速度均匀；然后向相反方向，按逆时针方向转动一周。

【六】解决眼部美容难题的小妙法

黑眼圈、眼袋、浮肿，这是眼部美容中的三个难题，对容貌美的影响很大。如果我们加强眼部护理，并注意保持良好的日常生活习惯，就可以有效预防这些问题的出现。有哪些好方法可以帮助我们解决这些烦恼呢？这里有一些攻克这些难题的小妙招，你不妨试试。

① 赶走黑眼圈的妙法

敷、按去黑眼圈小妙招

妙法1 10分钟冰热敷眼法

对付黑眼圈，可以用冰热敷法。准备两只用特殊液体制成的舒目镇静眼罩

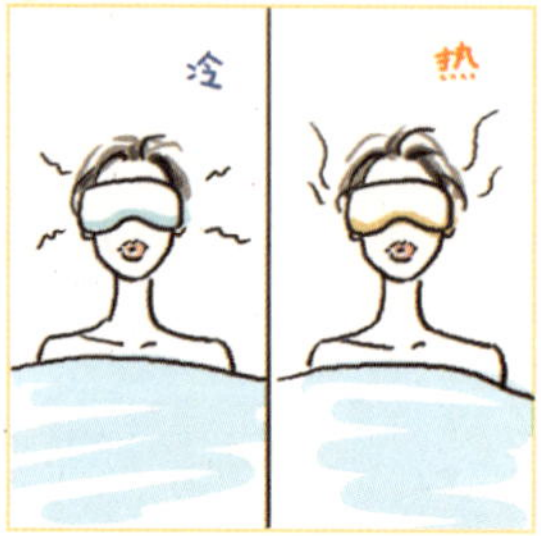

（屈臣士有售），一只先放进冰箱里冷却，另一只用微波炉加热半分钟。先用热眼罩热敷双眼5分钟，再取出冰箱里的冷眼罩冰敷双眼5分钟。这样能够加速血液流通，缓解黑眼圈。

妙法 2 茶叶包敷眼

把泡过的茶叶包（红茶、绿茶皆可）滤干，放在冰箱中冰镇片刻，取出敷眼。记住一定要滤干，否则茶叶的颜色反而会让黑眼圈更加明显。

妙法 3 土豆敷眼

土豆具有美白的功效，把土豆切成薄片，敷在黑眼圈处，可美白黑眼圈处的肌肤，从而改善黑眼圈的状况。也可将煮熟后的土豆捣成泥，加入少量牛奶，敷在眼部20分钟，每周1～2次。

妙法 4 使用美白修复眼霜或眼膜

许多眼霜和眼膜有净白和滋润的效果，一些品牌有美白修护眼霜，它的配方是直接针对黑色素形成根源的，而且利于皮肤吸收。涂这类眼霜的时候再配合一些轻柔的眼部按摩，可舒缓黑眼圈的侵袭。如果时间比较充裕的话，每周敷一次滋润舒缓的眼膜效果会更好，在缓和眼部疲劳的同时滋润眼部肌肤。

专家提示

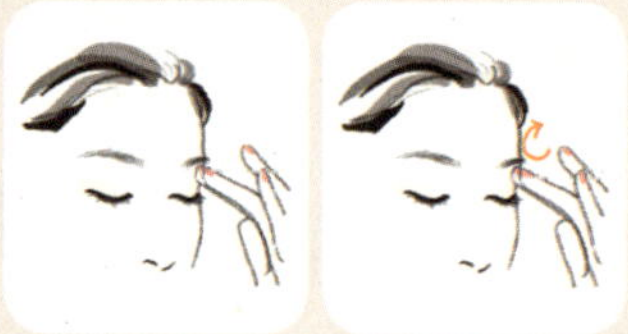

涂眼霜时切忌胡乱涂抹，正确的方法应该是：先以无名指沾上少许眼霜，用另一手的无名指把眼霜“晕”开，轻轻地“打印”在眼皮四周，最后以打圈方式按摩5～6次直至吸收。

妙 法 5 **冰牛奶敷眼**

将冰水及冷的全脂牛奶按1：1比例混合调匀，将棉花球浸在混合液中，然后将浸透过的棉花球敷在眼睛上约15分钟即可。棉花球也可用化妆棉代替。

妙 法 6 **苹果片敷眼**

将苹果切片后，分别敷于黑眼圈部位，每次大约敷10分钟，每天1～2次，持续2～3天黑眼圈便会减轻或消失。

妙 法 7 **遮瑕膏敷盖法**

用比粉底颜色浅一度的遮瑕膏或修正笔点在黑眼圈处，用指腹轻轻将遮瑕膏拍开，然后向四周扩散开来，与肌肤融合在一起，这样可以起到遮盖眼圈、暂时“掩人耳目”的作用，但谨记要和肤色协调配合。还应注意的是，使用遮瑕膏之前要用乳液和眼霜充分滋润眼部肌肤，这样遮盖效果才会更好。

妙 法 8 **穴位按压**

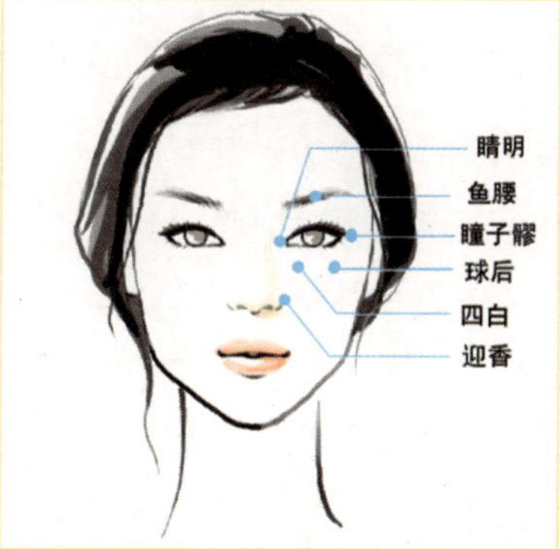

黑眼圈多因为血液循环不佳而造成，穴位按压有助于打通血脉。按压方法为：在眼周皮肤涂上眼部按摩霜或眼部营养霜后，用无名指按压瞳子髎（在眼尾处）、球后（下眼眶中外1/3处）、四白（下眼眶中内1/3处）、睛明（内眦角内上方）、鱼腰（眉正中）、迎香（鼻翼外侧）等穴，每个穴位按压3～5秒钟后放松，连续做10次。

也可由鼻梁处开始，用中指轻柔地按压眼睑，由内眼角按转至眼尾，至太阳穴时手指轻轻上提眼角，轻按两下，再用双手的无名指、中指和食指在下眼周及太阳穴位置反向（即由眼尾至眼角）“弹钢琴”。

六种食物帮你消除黑眼圈

美容专家建议，如果日常饮食中注意多摄取一些富含维生素A和B的食物如胡萝卜、马铃薯、豆制品等，可在一定程度上缓解黑眼圈症状。这里强力推荐六种能让你告别黑眼圈的食物：

鸡蛋 鸡蛋中富含的优质蛋白质和人体的最接近，吸收效果最好，而蛋白质又能促进细胞再生，因此经常食用鸡蛋，增加蛋白质的摄入，对于缓解黑眼圈的形成是有一定功效的。以食用白水煮蛋为最佳。因人体每日最多只能吸收两个鸡蛋所含的营养，因此每日食用鸡蛋不宜超过两个。

芝麻 芝麻乌发的作用人尽皆知，但其消除黑眼圈的功效可能就鲜为人知了。芝麻富含对眼球和眼肌具有滋养作用的维生素E，从而能缓解黑眼圈的形成。既能使秀发乌黑靓丽，又能消除黑眼圈，可谓一举两得，这样神奇的“魔法食物”当然应该多吃。此外，富含维生素E的食物还有花生、核桃、葵花子等。

胡萝卜 除了维生素E对眼球和眼肌有滋养作用外，维生素A也有此般功效。胡萝卜就是增加维生素A摄入量的不二选择，它能维持上皮组织正常机能，改善黑眼圈。此外，胡萝卜中所含的维生素A还有助于增进视力。其他蕴含维生素A的食物还有动物肝脏、奶油、禽蛋、苜蓿、杏等。

海带 由于铁质是构成血红蛋白的核心成分，因此，补充适量的铁质能够促使血红蛋白的增加，从而增强其输送氧分和营养成分的能力。海带富含铁质，所以经常服用海带，也能缓解黑眼圈的困扰。其他含铁质丰富的食物还有动物肝脏、瘦肉等。

绿茶 经常使用电脑者可饮用绿茶，补充特异性植物营养素，消除因电脑辐射引起的黑眼圈。绿茶所含有的浓缩多酚，还能抑制自由基对皮肤支持纤维的破坏。

全麦 全麦含有蛋白质、纤维素、钾及其他矿物质，也含有丰富的维生素B_1，经常食用能消除黑眼圈，使眼睛更明亮健康，同时还有助于皮肤细嫩和保持精力的充沛。

▼ 链 接 interlinkage

黑眼圈形成的原因和类型

成因

除了遗传因素导致的黑眼圈外，形成黑眼圈的原因有很多，主要有：

血液循环较差 眼部周围血液循环不够通畅就会造成淤血。

鼻患问题 过敏性鼻炎、鼻窦炎、鼻塞等鼻子方面的疾病会使眼眶周围的血液循环变差。此外，当用力擤鼻涕时，更会令面部微血管破裂，如影响到眼眶下的血管，会产生紫黑色的黑眼圈。

化妆品残留 如果不注意眼部卸妆，就容易导致化妆品色素慢慢渗透到皮肤内部，造成色素沉积型黑眼圈。此类人每晚必须彻底洁面，必要时可到美容院做皮肤清洁。

内分泌变化 女性在月经前、怀孕期、更年期期间，由于身体内的荷尔蒙分泌有变化，以致皮肤色素加深，眼圈颜色便会更明显。

生活习惯不良 熬夜、睡眠不足、抽烟、喝酒、吃刺激性食物、情绪困扰、精神压力等因素都会使人体自主神经失调，造成血液循环不畅，引起眼眶下皮肤静脉血管胀大，产生黑眼圈。

紫外线照射 夏季紫外线照射后容易形成黑色素沉淀，因此要给眼部防晒。

此外，皮肤本身的老化和缺水也容易引起眼部血液循环不良，形成黑眼圈。

类型

黑眼圈大致可分为两种类型：

血管型黑眼圈 由于眼眶周围的皮肤特别薄，而皮下的脂肪组织又少，一旦血液循环不佳或血管扩张，就形成了黑眼圈。熬夜，饮食、睡眠不规律；烟酒过度是这类问题的罪魁祸首。

色素型黑眼圈 指因色素沉淀在眼眶周围所产生的黑眼圈。眼部卸妆不彻底引发的色素沉淀会形成这类黑眼圈；由于遗传的关系眼周皮肤天生色素就比较重的黑眼圈也属这一类。

② 消除眼袋的妙法

妙法1 维生素E胶囊按摩

每晚睡前用维生素E胶囊中的黏稠液对眼下部皮肤进行涂敷及按摩，一个周期为4周，这样能收到消减眼袋的良好效果。

妙法2 贴蔬果片

睡前在眼下皮肤贴无花果或黄瓜片，坚持一段时间后会收到减轻下眼袋的美容效果。

妙法3 木瓜薄荷茶涂敷

将木瓜与薄荷浸在热水中制成茶，晾凉后用来涂敷眼下皮肤。木瓜薄荷茶不仅有减轻眼下囊袋的功效，还可缓解眼部疲劳。

妙法4 花、茶、油涂敷

可用甘菊、上等红茶、玫瑰子泡制的水，每天在眼袋处湿敷15分钟到数小时，也可用加温的蓖麻油或橄榄油湿敷，这些物质有助于解决眼下部所出现的囊袋问题。国外常有人采用此法解决下眼袋问题。

妙法5 多咀嚼

经常咀嚼诸如胡萝卜、芹菜等食物或口香糖，有利于改善面部肌肤，刺激眼部皮肤组织更新和再生。此外，平时注意多吃些含胶质、优质蛋白的食物，对该部位组织细胞的新生提供必要的营养物质，对消除下眼袋亦有裨益。

为强化眼部四周肌肤，使之富有弹性，可常做眼部运动，比如尽量睁大眼睛，持续几秒钟，然后徐徐闭上双眼，到上下眼皮快要接触时再睁开，动作要缓和，连续重复5~10次，一日可做数次。

▼ 链 接 interlinkage

何为眼袋?

眼袋是由于下睑眼皮老化、松弛，皮肤与眼轮匝肌之间的纤维组织连接减弱，导致眼眶内较多的脂肪组织膨出，使下睑臃肿，造成难看而突出的囊袋。

特别推荐

不同程度的黑眼圈、眼袋按摩方法

轻度黑眼圈、眼袋的按摩方法：

双手中指按压眉头（上眼睑），4秒钟做3次，眉中、眉尾同法按压；

双手中指按压眼头（下眼睑），4秒钟做3次，眼中、眼尾同法；

双手分别以顺时针、逆时针方向各绕眼周3圈，回到太阳穴轻压3秒钟。

重度黑眼圈、眼袋的按摩方法：

双手中指按压眉头（上眼睑），6秒钟做3次，眉中、眉尾同法按压；

双手中指按压眼头（下眼睑），6秒钟做3次，眼中、眼尾同法按压；

双手中指顺时针、逆时针各绕眼周5圈，回到太阳穴轻按5秒。

③ 消除浮肿眼的妙法

妙 法 1 茶包冷敷

用纱布包住冷茶袋，敷在双眼上5分钟。茶中所含的单宁酸是一种很好的收敛剂，可有效消肿。但千万不要将茶袋直接放在眼皮上，否则会将你的眼皮染成黄色，且单宁酸会刺激眼睛，引起不适。

妙 法 2 菊花茶去浮肿

很多时候眼睛肿胀是因为用眼过度、休息不当造成的。用棉片沾上菊花茶的茶汁，涂在眼睛四周，很快就能消除这种浮肿现象。菊花茶对眼部疲劳、视力模糊也有很好的疗效。

除了用菊花茶来涂抹眼睛以消除浮肿之外，平常还可以泡一杯菊花茶来喝。如果每天喝3～4杯菊花茶，对恢复视力很有帮助。

PART 3

眉之美

如果说眼睛是脸上的主题，那么眉毛便是“副题”，是内心的一道“睛雨表”。

眉的动作可以反映出人类丰富的表情，它与眼睛一起，直接影响容貌。眉的形态和位置因人而异，没有绝对的美学标准。标准眉只是一种概括出来的理想化眉型，大多数人并不完全适合，因为它缺乏个性特征。眉的美学标准是在大体上达到标准眉的基础上能够与五官理想地配合，充分展示个人的个性和风格，才具有动人的魅力。

【一】美眉标准

① 眉毛的形态美

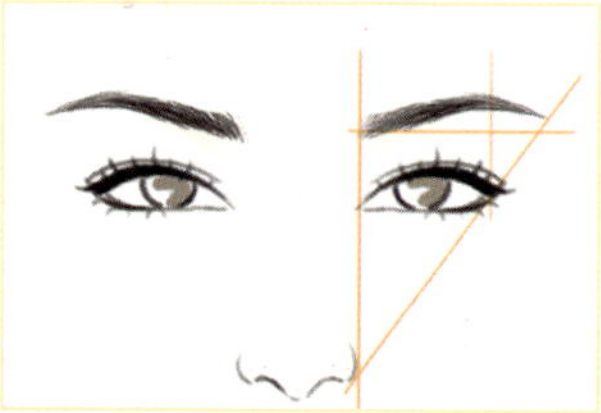

眉的内侧较粗圆，稍低于眶缘，称为眉头。外侧呈尖细状，略高于睑缘，称为眉梢。眉头与眉梢之间相对平直的部分称为眉体或眉腰，在眉梢与眉腰相接处是眉的最高点，称为眉峰。

正常人的眉毛在眼睑上方的1.5厘米处，与上睑缘走向基本相同，呈弧形。好的眉形应与面型、眼型及鼻型呈匀称、协调的美学比例关系，如眉头一般与内眼角在同一垂直线上。

② 眉毛的毛质美

眉毛是短硬毛，其密度为50～130根/平方厘米。眉毛分上中下三层且交织重叠。眉头部分斜向外上方，中层眉毛向后斜倒，下层眉毛则斜向上行并逐渐与上

层眉梢走向一致。眉腰及眉峰的颜色较深，眉梢颜色浅淡一些。

亚洲人的眉色大体有黑色、灰色以及褐色三个色调。黑色的眉毛能充分体现一个人的个性，适合于眼睛较大、皮肤嫩白的人；灰色的眉毛给人沉着稳健、自然文静之感，适合于所有的人；而褐色眉毛则给人一种凝重干练的感觉，适合肤色较黑的人。

③ 眉毛的比例美

标准眉型是具有一些科学比例的，比如眉头与内眼角的连线应为一条垂直线，眉毛的最高点“眉峰”在眉长2/3处，呈自然弯状，眉尾比眼尾长一点。

专家提示

标准眉的弯度和眼皮的弧度呈平行，两眉的间距与内眼角之间的距离相等。眉头应在内眼角的正上方，眉毛沿外眼角方向渐渐变细变淡。长度应与眼鼻的位置相协调，即眉头与鼻翼齐，眉梢则在鼻翼到外眼角的连线处。

就眉自身而言，毛质应柔顺、质实，毛色应与肤色、眼型相适合，眉毛疏密、生长方向应呈现一定规律性，这样的眉应视为漂亮的。

从横向观，内侧1/3的眉毛多向上生长，与眼水平线成60～80度角，眉体的眉毛则呈10～30度角或在水平方向生长，眉梢处眉毛向下生长。从纵向观，眉毛可分为上、中、下三层，上层眉毛生长方向向下，中层则呈横向上长，而下层向斜上方生长，如此，上、中、下三层互相重叠，眉毛看起来就会有较强的立体感。

链 接 interlinkage

专业美容师对标准眉的评定标准

眉头的标准位置位于内眼角的正上方。两眉头之间的距离约相当于一只眼睛的长度。眉峰的位置在眉梢到眉头直线距离的外1/3，大约是在外眼角的上端。眉梢自眉峰起微微向下倾斜，眉梢的末端和眉头应该大致在一条水平线上。

眉毛位置与眼、鼻、唇之间还有一定关联：

眉头与内眼角和鼻翼外缘应该在一条垂直线上；

眉峰与外眼角应该在一条垂直线上；

眉梢、外眼角、鼻翼和唇峰四点应在一条斜直线上。

无论是画眉还是修眉都应该注意这些位置关系，然后再结合自己的脸型设计不同的眉型。如果眉头过于向脸的正中靠近，往往给人印象显得很凶，让人觉得很紧张、严肃。如果眉头过于远离脸中线，会显得“苦相”和“滑稽相”。眉峰位置的高度以及眉峰和眉头、眉梢之间的关系，也直接影响着人的外貌。眉峰到眉头有一定斜度的人，显得英俊。眉梢越高，脸显得越长。眉峰低，脸型会显得较宽。

眉梢的位置对人的脸型也有影响。比较平的眉梢可以缩短并加宽脸型，给人文雅的感觉。向上挑的眉梢，给人感觉活泼，但过分向上挑，则给人感觉比较“愤怒”。眉梢向下斜，给人以温柔感，但过分向下斜又会不美观。

【二】眉毛的类型

关于眉的类型，中国古代诗词中就有所描述。白居易《新乐府·时世妆》："双眉画作八字低。"《西京杂记》载："文君姣好，眉色如望远山。"西汉卓文君眉如远山，一时成为时尚，称为"远山眉"。这些都是对古代面相术中眉型的描述，如今，人们对眉毛的类型有了更细的划分。

❶ 根据眉头位置分类

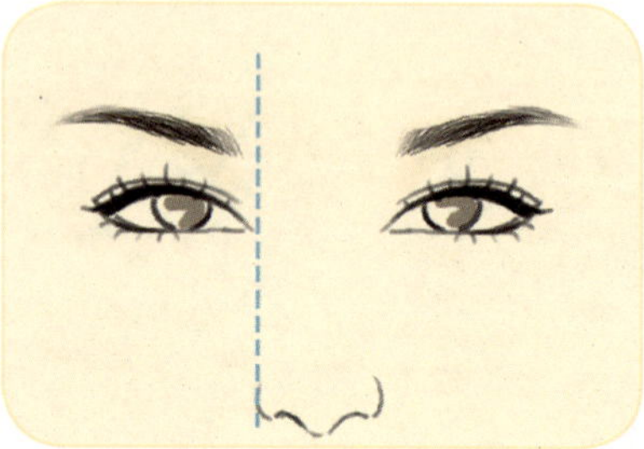

离心形眉 眉头在眼角到鼻翼的垂直线之外，面部呈平宽。此形眉让人感到悠然安详。

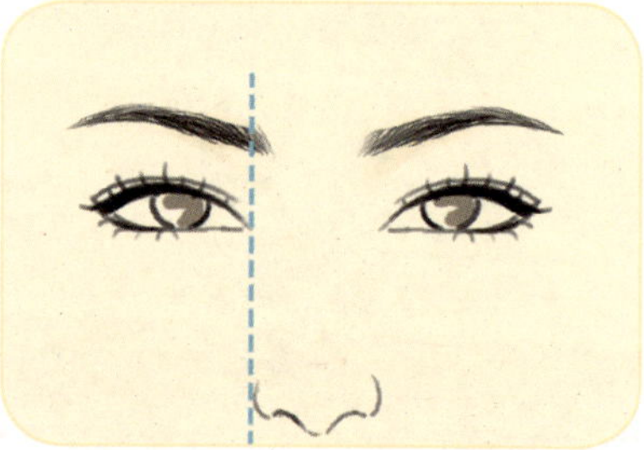

向心形眉 眉头超过眼角到鼻翼的垂直线且紧靠鼻中线，眉色浓黑，给人以严肃忧愁之感。

❷ 根据眉腰的弧度分类

一字形眉 眉头、眉腰和眉梢走行平直。

长弧形眉 眉峰在眉中外1/3处向上向外挑起，眉弓较高，眉毛弧度长。此形眉给人以清秀、善良的感觉。

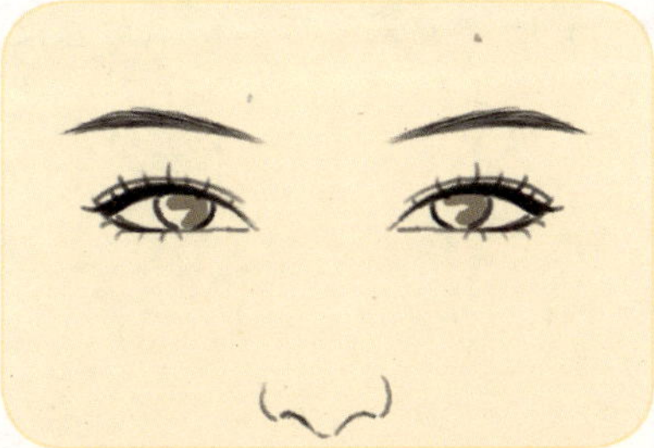

柳叶形眉 眉的走行弧度小，两头尖，中间粗，波曲上扬。它是中国人喜欢的眉型之一，给人以端庄秀美之感。

上挑形眉 又称竖眉，眉腰及眉尾向外向上扬起，给人以英武勇猛之气。

下斜形眉 又称“八字眉”，眉腰走势向外向下，眉头高，眉尾低。此形眉呈一种苦愁相。

③ 根据眉的整体形态分类

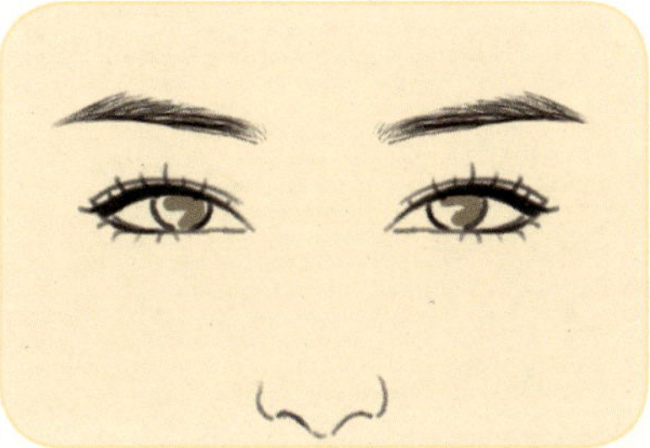

方刀形眉 眉峰方直如刀斧劈的一般，此眉型让人感到刚正英武。

月棱形眉 眉形如上弦之月，给人贤惠慈祥的印象。

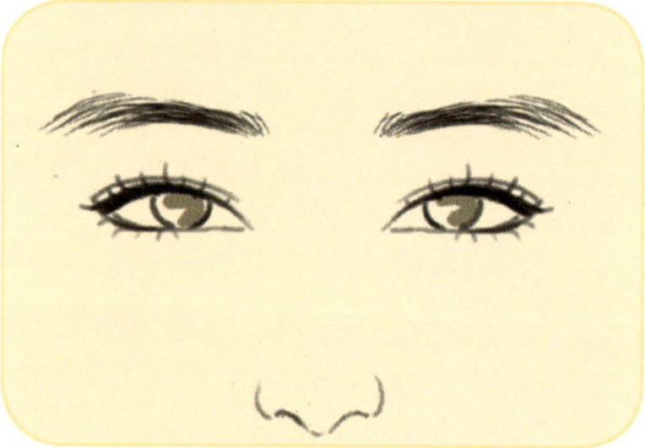

扫帚眉 眉梢分散零乱，如扫帚状。

④ 根据眉毛粗细多少及分布分类

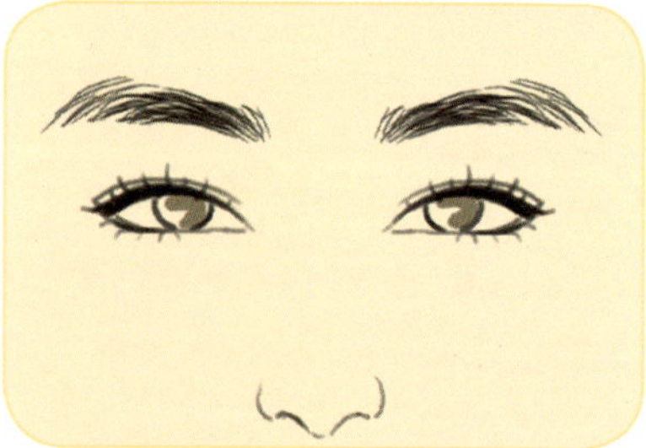

狮子形眉 整个眉毛浓黑粗大，使人感到威严。

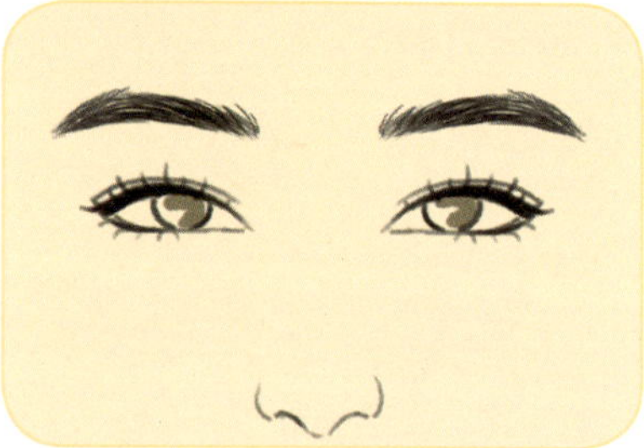

粗短形眉 眉毛粗而短，给人刚毅强悍的印象。

清秀形眉 眉毛稀疏黄少，给人以文质彬彬、清秀之感。

寿星形眉 眉峰及眉梢的眉毛很长，垂而下斜，此形眉毛多见于长寿的老者。

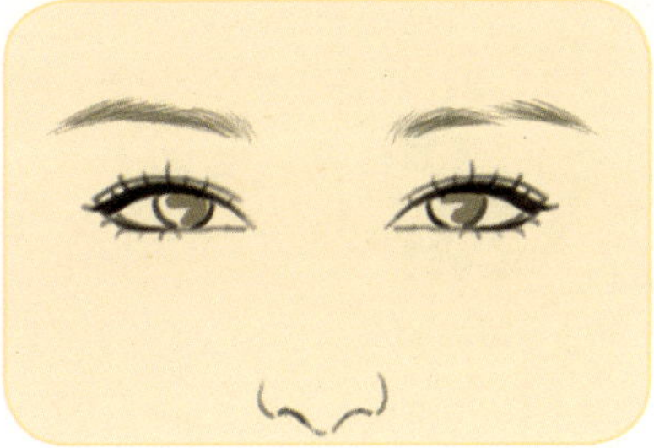

断缺形眉 眉毛的某一部分断缺，或断腰，或少尾，给人不完整之感。

【三】哪款眉型最配你

人的脸型与眉毛的形态之间有着十分密切的关系，女性的脸型大致可以分为七种类型，下面便着重探讨一下它们各自适合的眉型与画法。

由字脸型

这种脸型有富态感，适宜柔和一点的眉毛，眉型尽量放平缓一些。

申字脸型

给人感觉机敏，适宜平、长、细一些的眉毛。

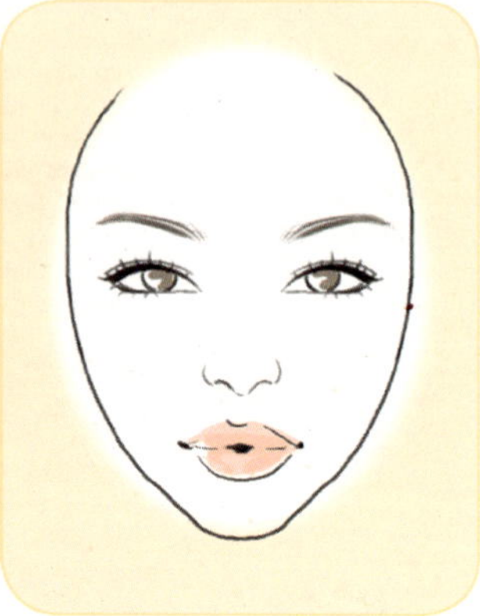

甲字脸型

适宜上扬一点的眉毛，眉峰在眉毛的2/3处以外一些。

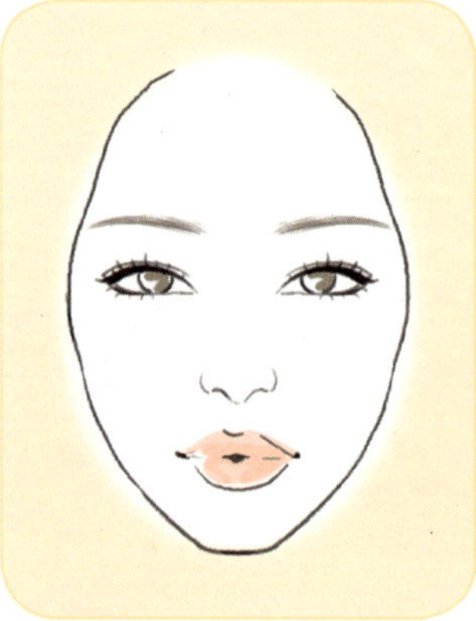

国字脸型

给人感觉一板一眼，适宜粗一点的一字眉毛。

方脸型

给人感觉正直，与圆形脸型基本相同。

圆形脸型

给人感觉圆润、亲切、可爱，适合上扬眉，眉头眉尾不在一条水平线上，眉尾高于眉头。

标准脸型

也称鹅蛋形，搭配标准眉型，眉头与内眼角垂直，眉头眉尾在一条水平线上，眉峰在眉毛的2/3处。

【四】修眉小技巧

许多人在修眉时多少显得有些束手无策，拔多怕无法挽救，拔少又达不到理想的效果。现在，就教你修眉的基本方法。

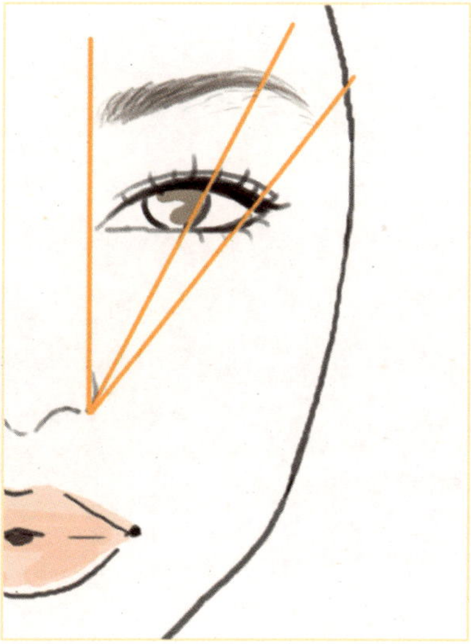

第①步

先从镜中确定眉型的位置。

眉头 应与内眼角成一直线。

眉峰 眉峰是眉的最高处，大概位置应与鼻翼及眼球外侧连成一直线。

眉尾 眉尾应位于鼻翼与外眼角相连的斜线上，同时，眉尾的位置应比眉头略高一点。

第❷步

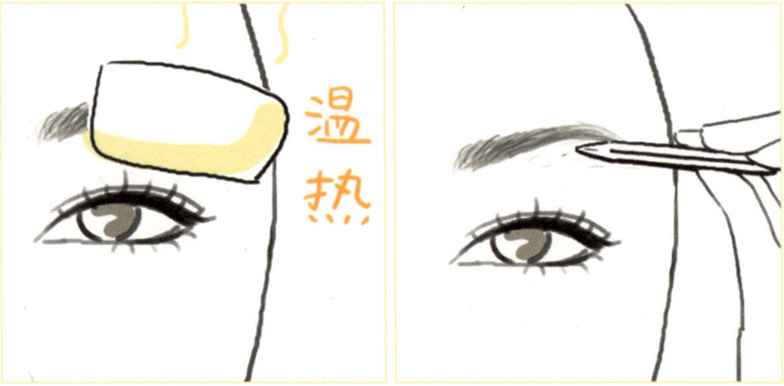

接下来，用温水轻敷并按摩眉毛，使毛质柔软，毛孔打开；再用眉镊夹住眉毛根部，一根一根顺向拔除，此项动作要麻利果断，可减少疼痛；拔后再用收缩水做一下冷敷，就可以收敛毛孔、镇静肌肤了。

第❸步

拔眉时，应先从一边拔去数根，然后再从另一边也拔去数根，如此循序渐进，以使两边的眉毛一致。

专家提示

备一面有双重功能的化妆镜。修眉时选用放大镜一面，以确保看得更清晰，另一面则可以最后检验整体效果。

修眉要适度，别因一时冲动拔去太多的眉毛，新的眉毛要等较长时间才能长出来。可先用眉笔勾勒出心目中理想的眉型。眉端应在鼻翼上方稍向两侧倾斜的部位。用有斜度的眉钳，顺着眉毛的生长方向，拔去多余的杂毛。眉弯的最高点应与眼球外侧在一条垂直线上，眉弯下的杂毛可用尖嘴钳稍加修饰。眉尾要长过眼睛，否则看上去不太自然。

▼链 接 interlinkage

修眉工具一览表

毛刷和小梳子 这种小刷子可以用来梳理眉毛，小梳子不仅可以用来检查眉毛的长度，还可以用来梳理睫毛，防止睫毛膏将多缕睫毛凝结在一起。

电动修眉器 电动修眉器的原理与手动刮眉刀一样，但是使用起来却又有所不同。电动修眉器专为修眉而设计，刀刃与肌肤的角度为20～30度，以逆生长的方向轻轻刮剃，并通过细微的振动速度，可去除多余的毛发，修剃出最满意的眉型，不会因失手而将眉型剃坏，也不会伤害到肌肤。

眼眉棒 将眉笔画过的地方自然抹匀时所要使用的一种工具。

刮眉刀 刮眉刀的作用与眉钳类似，也是将生长不合理的眉毛去除，但它是去除毛干部位，而毛根和毛囊却依然留在表皮下。相比之下，使用刮眉刀修眉比较不会有疼痛感，但是也存在着一些劣势，如眉毛刮掉后很快就会长出来，而且重新长出来的眉毛会显得更粗更硬。经常刮眉会使眉毛周围的皮肤发红，如消毒不严，甚至可导致周围皮肤发炎、肿胀等，从而影响美观。

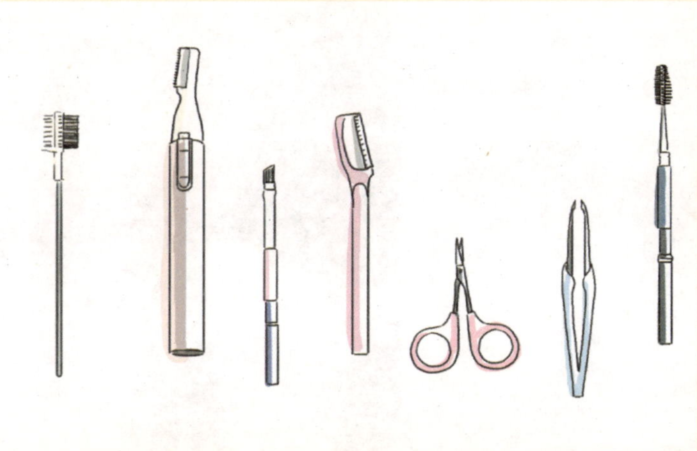

修眉剪 修眉剪多用于拔眉或刮眉之后，将长短不齐的眉毛修剪整齐。剪刀的刀口非常锐利，要小心别伤到皮肤。在修剪的过程中要掌握好手法和力度，才能将眉毛修得长短一致且效果自然。

修眉夹 用来拔除杂乱多余眉毛、美化眉形的一种工具。

毛刷头 用来梳理眉毛，或者是将画好的眉毛梳理得更加自然时使用的一种工具。

【五】不佳眉型的改善法

天生的眉毛，有的粗，有的浓，有的稀，有的短，有的人因为拔得过度，再也长不出来了，这些眉型都可以加以整理改善，下面就是改善的方法。

① 眉毛过短或缺少眉毛者

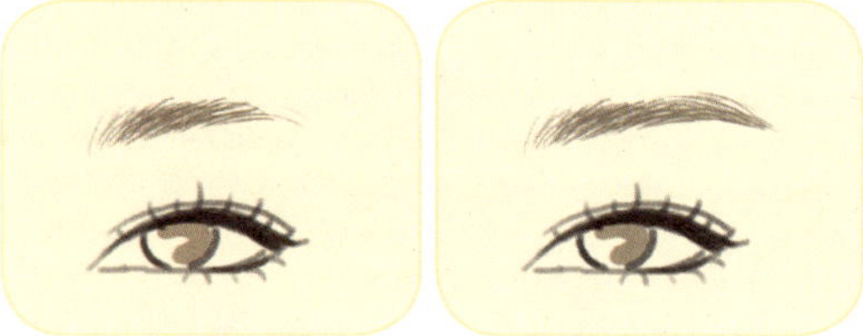

仍然要由眉头开始均匀地描画至理想的眉尾，不能只单独加上眉尾，否则会有断掉的感觉。

② 眉毛过长或眉尾杂乱者

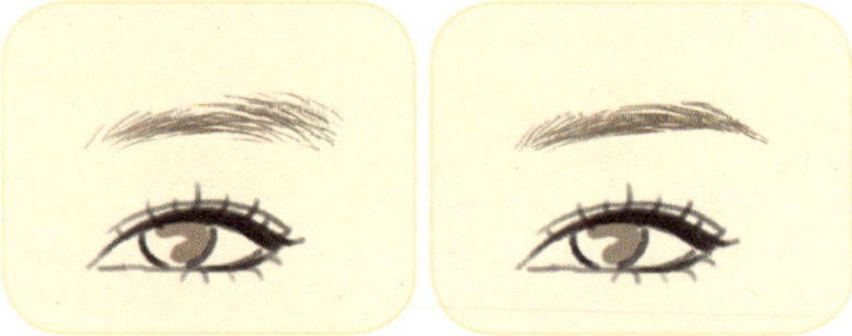

先拔去杂乱的眉毛整出眉型，如果眉型理想，则保持它；如果太下垂或上扬则视需要修改。

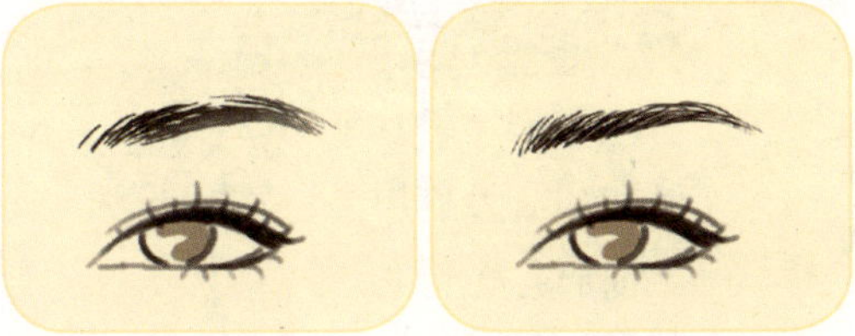

③ 眉毛浓密或颜色深者

可用发胶喷在手指上，轻轻地沾在眉毛上，再用眉刷刷过，好像整理乱发一般。

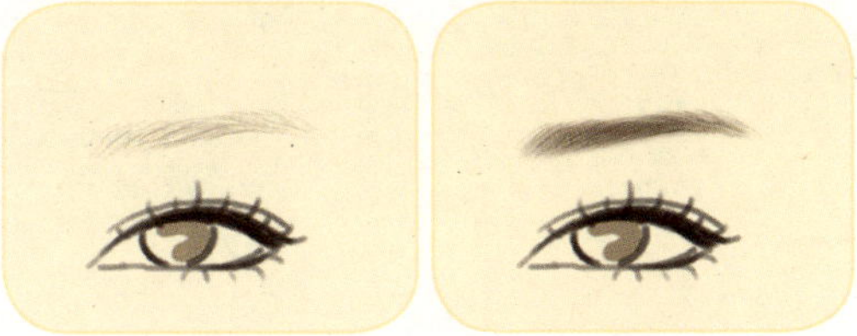

④ 眉毛颜色淡者

如用眉笔描画反而不自然，最好用眉粉或眼影粉刷在眉毛上。

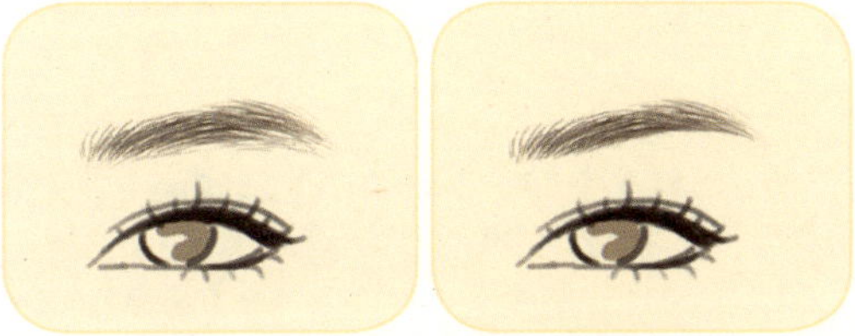

⑤ 眉毛粗宽者

要拔掉下面的粗毛，露出眉型；或用剪刀剪去不顺太长的眉毛。

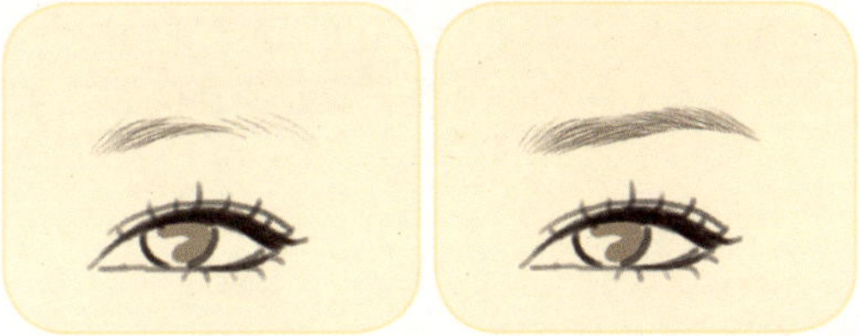

⑥ 稀疏的眉毛

眉毛少的人，最好先用眉笔或眉粉填补眉毛脱落的地方，再用斜形刷沿眉心将眉粉刷在眉上。

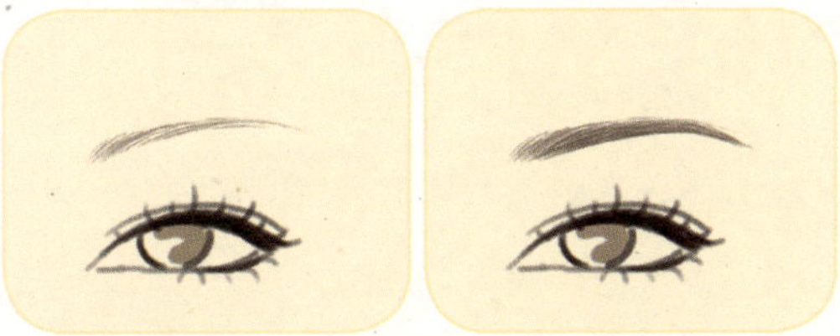

⑦ 眉毛拔得过细或天生太细

先由眉毛的下侧调整眉毛的粗细形状，再用眉笔描画。

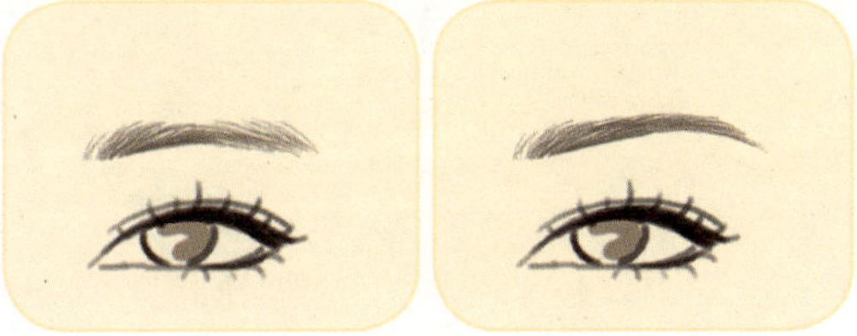

⑧ 眉毛下垂

用快干的睫毛膏或附有硬刷的眉膏，下垂的眉毛向上立起来。

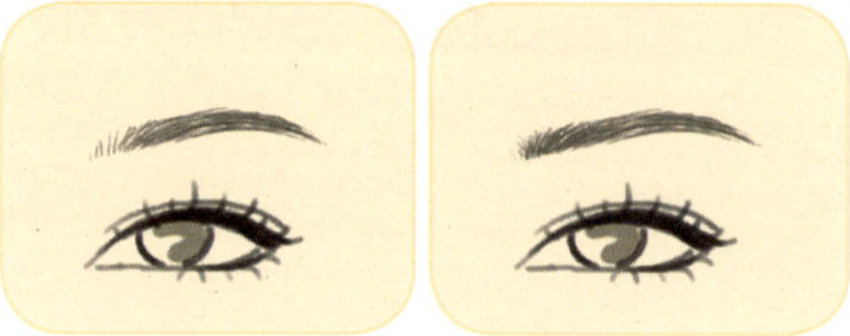

⑨ 眉头眉毛脱落者

先用眉笔补上颜色，再用睫毛膏向眉心处刷眉毛，使眉头旁的眉毛向眉心立起来。

【六】 画眉小技巧

第①步

先将杂毛拔掉。

第②步

画眉前，先梳理一下眉毛，然后从距离眉头1厘米的位置顺着眉型外侧勾画出轮廓。

专家提示

眉笔的握法应该与眉毛尽量保持水平，切忌像握铅笔的方式。先由眉峰开始，顺着眉毛生长的方向，一笔一笔往眉尾部分画，注意力度要轻，遇到眉毛稀疏的部分，再最后添重色彩。

第③步

从眉头开始，一笔一笔地向眉尾描画，用力要越来越轻，直至勾画出幼细的眉尾。

第④步

画好眉之后，以眉刷从眉头至眉尾横向轻刷一下。

第⑤步

用眉刷的前端将整条眉毛轻轻往上刷，将眉色刷匀。距离镜子远点再观察一下，如果眉毛能配合自己的面型及眼型，就算大功告成。

▼ 链　接　interlinkage

画眉工具一览表

眉笔　眉笔对初学者来说较难掌握，但用来画眉尾则可容易打造出细致及修长的效果，使用时必须轻轻画。

眉粉　眉粉一般呈粉饼状，并附有一个眉扫，用来将眉粉扫于眉上，可塑造出自然效果的眉型，对初学者来说较易掌握。一般应采用色泽比较自然的灰啡色系，不宜用带红的啡色。

染眉膏　如果眉毛色泽太浅，可以用染眉膏将每根眉毛染色，千万不能心急。

【七】绣眉，让你“一劳永逸”

绣眉是传统文眉的升级版，克服了以往文眉手术时间长、疼痛感强、效果生硬、不易修改及恢复时间久等缺点，将眉型及眉色的改变融入艺术的行列，是一种永久性美眉术。

现在流行于时尚女性中的立体绣眉法，是通过形象设计、画眉定位、科技绣制等步骤，根据不同的个性、脸型、职业，让消费者共同参与设计有创意的眉

毛，绣出的眉毛有层次感，不褪色，达到美容的目的。

① 什么是绣眉

绣眉是以刺青的方法绣出眉毛形状，然后把色素注入皮肤表浅层，使色素附于皮肤，长期不褪色，达到美化眉形的目的。

与文眉相比，二者存在工具使用、操作技法、花费时间、所用色料、效果体现、持久性等方面的区别。

在采用工具和操作技法方面

文眉是以“单针”或“三针”，加上电动工具的辅助，逐针地把色素植入到皮肤中，操作过程有如文身；而绣眉则是以12支或16支幼针结合呈45度的斜角，一次把较多的色素如刺绣般挑刺进皮肤内，全以手控，无需电动工具辅助。

在花费时间方面

由于文眉是以90度角垂直地把针刺在皮肤上，会有一定的痛感，而且每次刺入的数量有限，所以上色所用时间较长；绣眉是以45度角把针刺入皮肤，进入皮肤的深度有限制，只绣入皮下表浅层，痛感小，所用时间比前者短。

在所用色料方面

文眉多使用水状色料，黏性较弱；绣眉则使用膏状色料，黏性较强，色素较易随针进入皮下，故易于上色。

在效果体现方面

绣眉针的斜向表浅刺入不会令色料与皮下黄色素基因混合，因而不会变色；加之绣眉针每次刺入的点数较多，较易造成柔顺自然的效果。文眉针因垂直刺入皮肤，容易误刺入皮肤深层，若误把色料带入深层并与皮下黄色素基因混合，便会造成文眉变青变蓝，且不易补救；加之文眉是以多次的单点来刺绣整条眉，所以效果会比较生硬、不自然。

在持久性方面

文眉可一劳永逸，而绣眉只会维持2～3年。因此，若希望眉形持久，可选择文眉，若想跟随潮流改变形象，则最好选择绣眉。

❷ 绣眉的注意事项

1 绣眉后最主要的是注意清洁，涂搽消炎药膏。

2 绣眉后表皮会自动结痂，数天后自然脱落，不可用手去剥，否则会形成疤痕；另外绣眉后1～3天不宜吃海鲜、喝酒，以防过敏红肿。

3 患有糖尿病、心脏病、皮肤过敏或受伤处不易痊愈者，以及白血球过多、血小板不足、凝血时间延长、皮肤对色素有排斥者，都不适宜绣眉。

总之在绣眉前应向专业美容师询问清楚，不可轻率，才会万无一失。

❸ 绣眉的四大优势

1 效果较自然，柔和不易变色。

2 无痛苦。绣眉过程中不疼痛，也不会红肿。

3 易修改。绣眉的效果可以保持2～3年，以后重新绣眉，颜色和形状可依据年龄而重新选择。

4 色彩丰富。绣眉的色彩有很多种，可根据个人的性格、职业、发型等选择。如咖啡色适用于喜欢浓妆或肤色黑的人，棕咖啡色适用于本色自然的人，浅咖啡色适用于喜欢自然妆的人，橙咖啡色适用于改过的青蓝眉，铜咖啡色适用于较新潮、染发的人，也适用于改过的青蓝眉。

PART 4

鼻之美

【一】美鼻标准

鼻子是人面部最突出的器官，由外鼻、鼻腔、鼻旁窦组成。影响容貌美丑的是外鼻。它是决定面部立体感的第一要素，具有重要的审美意义，其突出的程度、与面部其他器官的比例关系及其侧面轮廓和曲线所形成的美感对于容貌美来说至关重要，因此有“五官端正，重心在鼻”一说。美的鼻子不仅会影响容貌，还常使人联想到人的品格和性情，如正直或开朗、灵敏或温柔等。

① 传统美鼻标准

中国古代女性以鼻子玲珑剔透、端正有棱、鼻翼适中为美。

② 现代美鼻标准

美鼻标准的数字化

有学者对鼻子的美学参数进行了统计，具体数值如下：

鼻长 鼻子长度指鼻根点至鼻尖点之间的直线距离，鼻根位于整个面部的上1/3处，鼻基底位于面部下1/3处，理想的鼻长应占整个面部的1/3，且正好位于面部中间的一个1/3的位置上。理想鼻长一般为6～7.5厘米。马鞍形鼻的鼻长大多较短，常低于5.8厘米。大于颜面长度1/3的为长鼻，小于1／3的为短鼻。

鼻宽 鼻宽指左右侧鼻翼点之间的直线距离，也即两鼻孔外侧缘的距离，理想宽度一般应相当于鼻长的1／3，或一眼的宽度，鼻根部的宽度约为1厘米，鼻尖部约1.2厘米。鼻孔最外侧不超过内眼角的垂直线，否则就显得鼻翼过大。

鼻深（高） 指鼻下点至鼻尖点之间的投影距离。该距离决定了鼻尖前伸程度。鼻尖的理想高度为鼻长的1/3，女性为2.3厘米左右，低于2.2厘米者为低鼻型。

鼻子的形态美标准

从鼻子的侧面看，鼻部的轮廓线从鼻根至上唇构成了面部的两个S形曲线，这种美丽柔和的线条正是容貌美的一大要素。

美丽的鼻部形态标准为：鼻子大小、高低及鼻根厚度适中；鼻梁挺拔，鼻梁线位于正中，鼻两侧对称，额骨鼻突至鼻尖略呈凹弧，即额骨鼻突至鼻尖的连线不是直线形的，而是略呈弧形；鼻尖圆润且略微上翘，与鼻梁的略呈弧形相适应，给人一种妩媚感；鼻翼呈半球形；鼻孔呈卵圆形，双侧对称。

▼ 链 接 interlinkage

美丽的鼻子应具备的几个“黄金”比

“黄金三角”

“黄金三角”是指腰与底边之比等于0.618或近似值的等腰三角形，其内角分别为36度、72度、72度。

容貌美的三个“黄金三角”都与鼻子有关系。这三个“黄金三角”分别是：外鼻从正面观，以鼻翼为底线与眉尖点构成一个黄金三角形；外鼻从侧面观，以眉尖点为高，鼻背线与鼻翼底线构成又一个黄金三角形；鼻根点与两侧口角点的连线是一个黄金三角形，并且这个黄金三角形的两条腰要正好与鼻翼的两面相切。

“黄金矩形”

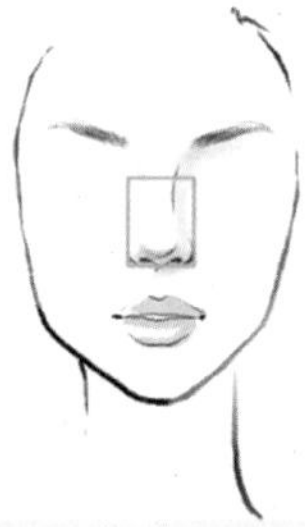

理想的鼻长、鼻宽正符合我国古代美学中所谓的“横三竖五”（即“三庭五眼”）标准。长于这个理想的长度为过长，短于这个长度为过短；宽于这个宽度为过宽，窄于这个宽度为过窄。从西方美学来看，美丽的鼻子宽与长之比会接近0.618这样一个“黄金”比，也即 “黄金矩形比”（是指宽与长之比等于0.618或者近似值的长方形），外鼻的轮廓以鼻翼为宽，以鼻根点至鼻下点的间距为长，构成一个“黄金矩形”。

不同人种的鼻型特点

不同种族、不同国家对美丽鼻子的标准各不相同，鼻型也有一定的区别，大体来看，白种人的鼻子高、窄、长，以高鼻梁为美；黑种人的鼻子低、宽、短，黄种人的鼻子则介于两者之间，以灵巧细窄为美。

具体来看：

白种人的鼻型特点 白种人鼻子的大小、高低、曲直与他们身体骨骼的高大相适应，鼻梁多呈直形和凸曲形，鼻根的深度较大，鼻基底部呈下垂式或者水平式，鼻尖窄，鼻子的突出度大，鼻孔横径窄。白种人的鼻型一般又多见“犹太鼻”、“罗马鼻”以及“希腊鼻”三种。其中“希腊鼻”为美鼻的典范，这种鼻子窄长而平直，鼻根高，根部凹陷不明显，鼻尖较尖，鼻基部呈水平位，又称为直鼻。维纳斯等雕像多取此类鼻子为模型，千百年来为人们所推崇。

黑种人的鼻型特点 黑种人的外鼻形态扁平而宽大，其特点是鼻外形短而宽，鼻尖略微向下倾斜，鼻底与唇部之间形成锐角，宽阔的鼻骨使鼻子两翼交线成钝角，鼻梁短，鼻孔宽，鼻孔轴线相交成钝角，鼻梁呈凹曲形，鼻根低矮，鼻突出度也小。这种形态与黑种人多生活在炎热的热带地区，使得鼻部的面积增大，从而适应散热有关。

黄种人的鼻型特点 黄种人面部较白种人平坦、纤巧，骨骼较小，额骨鼻突也较低平，无过多的起伏与棱角，因此鼻子较扁平、小巧。我国自古以来又崇尚含蓄蕴藉之美，因此中国人的鼻子素以小巧细窄为美。

与鼻子美丑息息相关的四个“角”

鼻额角 眉间点至鼻梁点连线与鼻梁线夹角称为鼻额角，此角的大小和位置的高低对容貌美甚为重要。欧美人的鼻额角交角约为120度，中国人的鼻额角角度应该更大一些，为130～140度，此角与鼻形的曲线密切相关。鼻额角过大则显得额鼻扁平，过小则显得额鼻前突；该角位置太高，则呈长鼻畸形，位置太低，则又呈短鼻畸形。

鼻唇角 鼻小柱前端至鼻底连线（即鼻小柱中线）与鼻底至上唇红唇缘间连线的交角为鼻唇角，90～100度为理想角度。该角度太大，鼻基部明显上翘，显得鼻背短；该角度过小，鼻基部则下倾或上唇突出，均影响美观。

鼻尖角 鼻梁线与鼻小柱中线之间的夹角为鼻尖角，多为70～85度，85度为最理想的角度。

鼻面角 是前额至门齿的垂直线与前额至鼻尖的倾斜线所形成的角度，此角度为28度左右时为最美。

在这几个角度中，鼻额角和鼻唇角在鼻部的审美中占有极其重要的位置。

专家提示

美应是和谐统一的，这些数字是标准的比例，但是每一个人的容颜是有个体差异的，这些数值标准未必适合每个人，鼻子的俊美不完全取决于长短高低，而应与个人脸型及其他面部器官相协调。

现在社会上流行盲目跟风的习气，有的人以西方的审美标准来衡量自己容貌的美丑，不考虑自己的面

部特征，一味想打造出西方人那样俊俏的“希腊鼻”来，想让鼻子变得像欧美白种人一样的高挺，其实那无疑是东施效颦，忽略了中国人容貌本身的民族特性。因为，白种人的颧骨要比黄种人突出，额骨也较高，眼眶较高，眼睛好像长在深深的眼窝里，配上一个高而直的鼻子就更显得层次丰富、棱角分明，高鼻深目煞是好看。而黄种人的面部较扁平，如果单单配上一只高挺的鼻子，而其他部位又无任何改变，不仅不会美丽动人，还会让人感觉突兀，显得与整张脸都不协调，结果当然就是适得其反。

【二】哪种鼻型最配你的脸型

① 鼻的形态类型

鼻子按形状可分为以下几类

悬胆鼻

鼻梁高低和弯曲度适中，鼻翼大小合适，整个鼻的轮廓明显、清晰，鼻中隔适当。

希腊鼻

又称为通天鼻，鼻梁从根部起笔直向下，鼻翼细长。

马鞍鼻

鼻梁扁平，鼻根部和鼻头上部都有一定高度，中间明显凹陷，形似马鞍。

拱桥鼻

鼻梁中间突起，形似拱桥。

烟囱鼻

鼻孔大而明显，正面看鼻孔明显外露。

鹰钩鼻

鼻梁突起，鼻尖向下向内弯曲成钩状。

偻佝鼻

鼻粗大，鼻翼比较小。

狮头鼻

鼻梁较短而扁，鼻翼开扩。

尖头鼻

鼻梁狭直，鼻尖向上而尖。

蒜头鼻

鼻翼鼻尖连在一起，如蒜头状。

以上鼻型中，以悬胆鼻最具中国美的味道。

② 鼻型与脸型的配对

事实上，并非符合标准美的鼻子放到每个人脸上都合适，还要看与自身脸型是否相协调。

适合圆脸的鼻型 圆脸型的人鼻子不宜太高太大，否则就会显得与脸部不协调，圆润一些更好。短鼻子其实最适合圆形脸，这样五官的比例也比较恰当。五官可爱精巧的女孩子，鼻子短一些，更能突出眼睛和唇的轮廓。对于有一张大圆脸的女性来说，宽大的鼻翼则可以让整个脸部轮廓圆润，而小巧的鼻子就不适合。

适合长脸的鼻型 脸偏长的人，鼻子高些、长些就比较协调，相反，低短的鼻子就不适合，会显得五官比例失调，下颌骨偏长。

适合方脸的鼻型 方脸型的人鼻子不宜细窄纤巧，而应该是相应的宽粗些，才更匹配脸型。

【三】 不理想鼻型的修饰美化

对一些鼻型不够理想的女性来说，通过一定的化妆技巧可以修饰鼻部形态上的先天不足，美化鼻型，增强整个脸部的立体感。下面就是几种不理想鼻型的基本化妆技巧。

❶ 低鼻梁的修饰方略

低鼻梁往往使人面部呆板无神，鼻子一挺拔，眼睛也会显得有神，那么，怎样才能让低塌的鼻子显得挺拔呢？具体方法是：

首先，给整个面部上完底妆后，从鼻根到眉头涂深棕色眼影，再由眉头向鼻梁两侧打一些阴影，让鼻侧影上端“委婉”地与眉毛衔接，两边与眼影融合，下端与粉底相融合，这样就使得鼻侧影看起来自然而真实。然后在两眉之间的鼻梁上抹一道亮色眼影，并尽量向两侧晕开，阴影与亮色形成鲜明的对比，原来低陷的鼻梁就显得挺拔起来。

❷ 长鼻子的修饰方略

偏长的鼻子容易使整张脸看起来过长，显得面部比例不协调，不够柔和，而

通过化妆可以从视觉上缩短鼻子的长度。长鼻子显短的化妆关键点是降低眉头的高度，以使鼻根位置相应降低。具体方法是：

用比眼影色稍微淡一些的咖啡色鼻影从上往下、由外向内眼角涂抹，注意向下不要延续到鼻翼，在鼻尖处也擦一些，鼻子看起来就会短一点。最巧妙的办法一是用两色来调整，鼻头用稍深色点上去，与鼻梁衔接，可以将长的部位盖住一点，整体视觉效果会好很多；另一个办法是用刷子上点腮红，在鼻子中间轻轻地扫一下，可以代替阴影使用，这很少的一点暖色还可让鼻子部位的肌肤有血色，视觉上更为自然。

③ 短鼻子的修饰方略

鼻子的长度如果不到脸部的1/3，看起来就感觉很短，容易给人脸型偏短、脸部臃肿的印象，修饰关键是先涂深颜色鼻侧影，再给鼻梁涂一窄条亮色，这样可以使鼻子显得长些。具体方法是：

用咖啡色鼻影由眉头沿着鼻子的两侧向下涂，直到鼻子的末端，并在眉头和眼角之间制造出阴影，鼻梁上以明亮的底粉与鼻影相配，这样就能产生鼻子长度增加的视觉效果。另外，和长鼻子修饰方法正好相反，在画眉时，把眉头稍向上抬，并将鼻侧影从眉头涂至鼻翼，也能产生同样的增长效果。

④ 宽大鼻子的修饰方略

鼻子宽大虽然显得有福相，但却不美观，通过化妆修饰可以调整鼻子的大小。具体方法是：

将略深于肤色的鼻影从鼻根两侧一直涂至鼻翼，再在鼻梁和鼻尖上涂浅于肤色的亮色，亮色不要涂得太窄。深色具有收缩感，能给人以鼻子变小的视觉效果。另外还要注意的是，鼻子过大的人其整个面部化妆应采用柔和的色调，过于鲜艳的眼妆及口红会加深鼻子大的印象。

⑤ 窄小鼻子的修饰方略

窄小鼻子配上小脸小眼睛会显得比较可爱，但是如果长在一张宽大的脸上就会显得不太协调，通过化妆修饰可以让窄小鼻子显得饱满。具体方法是：

用接近肤色的肉色眼影加少量的白色和黄色眼影涂在鼻翼上，让鼻翼和鼻尖连成一体，给人以饱满的感觉，注意鼻梁不必涂得太宽太亮，否则会使鼻翼显得更小。

⑥ 鹰钩鼻的修饰方略

鹰钩鼻往往给人阴险厉害的印象，看起来也不甚美观，修饰方法是：

在两鼻翼部涂上深色粉底，可以让鼻子显得挺直而有立体感，但鼻影的深浅不要太分明，以免使人看出有明显的分界线。

专家提示

也可以在眉头处加画几笔或在眉头下涂上与鼻影颜色相近的眼影来降低眉头。

如果是鼻梁太宽，修饰时可用眼影笔（最好是灰色的）在鼻梁两侧画上两条细细的直线，然后在鼻翼两侧施粉底，将粉底与鼻侧线一起轻轻揉开。

如今，隆鼻、缩小鼻翼、鼻孔到全鼻再造等鼻部美容手术非常火爆，虽然鼻子美容整形术可以令女性面容焕然一新，更加漂亮，但手术效果如何是因人而异的，所以要慎之又慎。

链 接 interlinkage

鼻侧影运用三点注意

总体上看，各种不理想鼻型修饰的关键是运用鼻侧影，晕染鼻侧影可以收到挺拔、修形、使整张脸看起来更有层次和立体感的视觉效果，但运用时需要注意以下几点：

□ 不是每个人都适合使用鼻侧影，鼻梁较窄及两眼距离较近的人，都不宜涂鼻影，这样会使得鼻梁看起来更窄或是两眼间的距离更近。

□ 鼻侧影颜色的选择很重要，颜色一定要与面部化妆的底色相协调。一般来说，棕灰色、浅棕色、土红色、紫褐色都较为自然。同时，也要注意鼻影颜色与眼影颜色的搭配和衔接，不能突然出现“断裂感”。

□ 浅色和深色之间的界线不能太明显，化出来的妆不能让人感到有太强的修饰感。其实，一般情况下，把整张脸的肤色用粉底统一后，鼻子也会显得挺拔一些，鼻梁当中提一点点的亮色就已经很好了。一定要修饰阴影色和亮色的话，鼻梁阴影色色调要跟自己肤色最深的部分一致，亮色则跟自己肤色最浅的部分一致，不能有明显的差别。在修饰过程中，手指是非常好用的工具，手指的肌肤比较敏感，用手指上妆更均匀；手指头本身是有弧度的，因此处理色调渐变的过程也更为自然。

PART 5 唇之美

唇是面部唯一一处颜色鲜明的部位。唇之色也是中外历代文人最为关注、吟咏最多的内容。人们常以“樱桃”来比喻口唇，既因其形，更由其色。早在先秦的《大招》中就有“朱唇皓齿，嫭以姱只”的话，宋玉的《神女赋》也说“眉联娟以蛾扬兮，朱唇的其若丹”，都是讲唇之美的。

【一】美唇标准

自古以来，我国妇女都十分重视嘴唇的美。人们常以“朱唇”、“丹唇”、“樱桃小口”来形容古代美人的嘴唇。时代不同了，人们衡量嘴唇美，就不能只是局限于“红唇小口”了，而是从美学的角度来衡量。

一般来说，光滑红润的嘴唇，会给人一种青春美感；而青紫或苍白的嘴唇，则会给人一种病态和衰老的感觉。嘴唇美的标准应体现在其比例美、曲线美、质地美和色彩美等等之上，具体如下：

① 唇的比例美

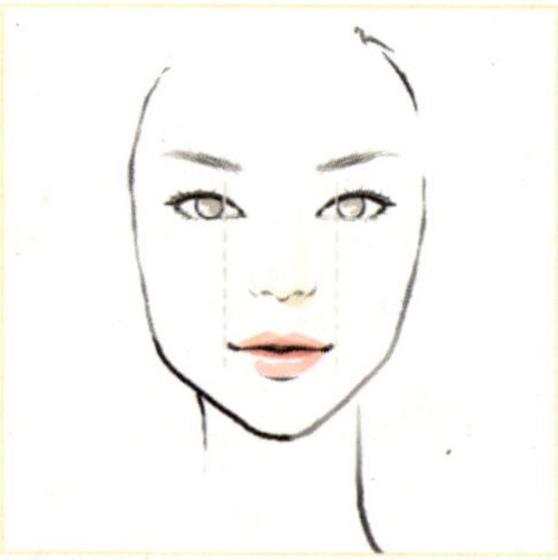

口裂宽度应为32毫米。口裂宽度指的是上下唇轻度闭合时，两侧口角间的距离。理想的口裂宽度和眼内眦间距之比以3：2为宜，大约相当于两眼平视时两瞳孔的中央线之间的距离。

上唇高度为15毫米。上唇高度指鼻小柱根部至唇峰的距离，不包括红唇部。

唇的厚度是指口轻轻闭合时，上下红唇部的厚度。由于上下唇的厚度不完全一致，而且下唇通常比上唇厚，女性美唇标准值应

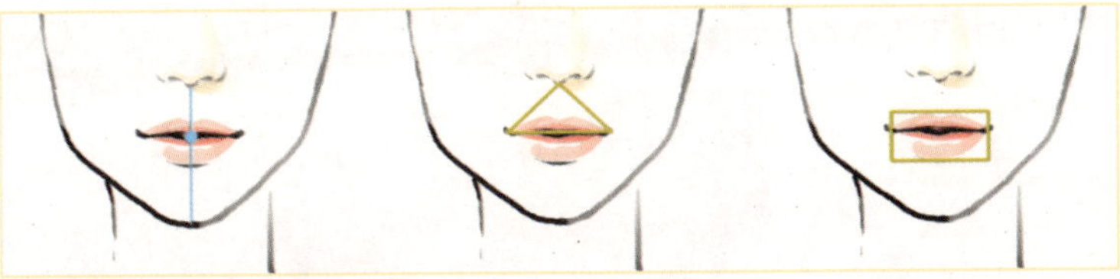

为：上红唇8.2毫米，下红唇9.1毫米。一般认为口唇最美的形态是上红唇中线高为7～8毫米，下唇唇红中央厚约9毫米，比上唇厚些。

口唇位于面部下1/3处，上唇高与下唇至颏唇沟的高度、颏唇沟至颏点的高度之比是1∶1∶1。上下唇闭合时口裂的中点，为鼻下点至颏下点连线的黄金分割点。鼻根点与两侧口角三点连线组成一个黄金三角。口唇轮廓本身，即以上下唇峰间距为宽，以两口角间距为长，构成一个黄金矩形。

从侧面看，上唇约位于自鼻底至颏垂线前3.5毫米处，下唇约位于2.2毫米处。前额、前鼻棘、颏三点应基本连成直线，若前鼻棘至颏连线出现交角时，则唇型不美。鼻尖与颏下点（下颌正中线最低点）的连线称为美容线，下唇缘应接近此线。

❷ 唇的曲线美

即具有完善优美的朱缘弓。上红唇缘中部凹陷，使上红唇缘呈弓形，该弓被

称作“爱神之弓”，该曲线也被称作“丘比特曲线”。因此，女性在文唇和涂唇膏时都应该在此曲线上花工夫。

③ 唇的质地美

质地要细腻润泽、光滑柔嫩，给人以青春美感。反之，粗糙干裂的唇是无美感可言的。

④ 唇的色彩美

唇的色泽要鲜艳适宜，唇部皮肤区别于其他面部皮肤之处就在于其富有色彩美。唇部血管丰富，而且皮肤极薄，没有角质层和黑色素，因此显得鲜艳动人。古代就有“眼取神，鼻取形，唇取色”的说法。女性之所以喜欢使用口红，就是为了增添唇的色彩美。

【二】 哪种唇型最配你的脸型

椭圆形脸型 这种脸型通常为较完美的脸型，其外型轮廓及比例为修正其他脸型之依据。所以，这种脸型在画唇时，只要保持原有唇型即可。建议强调上弓形，在下唇轻轻着色，使上唇略为丰满。

由字形脸型 通常这种脸型前额狭窄，颚线及下巴稍宽。所以，强调上唇自然之弓形，下唇微微画出，使之较上唇略为丰满，可使脸部拉长，同时，也可显得前额较宽。

长形脸型 长形脸适合看起来丰满而略宽的唇形。

方形脸型 方形脸的人，脸部轮廓呈现颚骨较宽、前额发线平直的形态。而这种脸型在画唇时，须使双唇显得丰满略宽，这样方能抵消较方的颚部线条。

甲字形脸型 前额宽广，双颊削窄是这种脸型的基本特征。如果想使前额宽度缩小，增加两颚宽度，可在画唇时，顺唇部自然轮廓涂抹较为透明感的唇膏。

圆形脸型 这种脸型最突出的特征是圆的发际线及圆而短的下巴。唇部化妆的目标就是要使这种脸型看起来更纤瘦。所以，在画唇时可以用自然色的唇线笔勾出唇型，再涂以唇膏。注意应尽量避免涂得过于丰满。

申字形脸型 通常申字形脸型前额狭窄，两边颧骨比较突出，下巴瘦削。完全的唇型可以削减宽广的颧骨骨线。涂唇膏时应该照原形涂抹，并避免过度丰满。

【三】不佳唇型的修饰方略

① 嘴唇过厚的修饰方略

唇型较厚的人不仅不会给人一种过于厚实的感觉，反而洋溢着一股现代的气息。在涂唇膏时，可以将唇型向内画1毫米左右，上嘴唇应该画得圆而满，避免使用唇彩或者含珠光唇膏。

② 嘴唇过薄的修饰方略

薄形嘴唇虽然看上去比较柔和，但也容易给人一种过于单薄的感觉。在涂唇膏的时候，可适当地将原有唇型扩充1毫米左右，上嘴唇的唇线应该稍向内画。唇线应该画得圆润、柔和。最好选择浅色或含珠光的唇膏，因为深色的唇膏会使嘴唇看上去显得更加单薄。

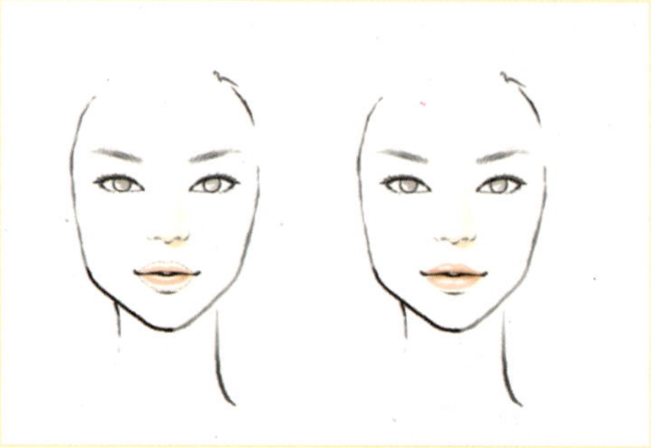

③ 嘴唇过大的修饰方略

为使较大的嘴唇看上去小一些，应该避免在唇角处涂抹艳丽唇膏，而是应该选择颜色较深的唇膏均匀地涂在唇部中央。

④ 嘴唇过小的修饰方略

在涂唇膏时，唇角部位应该相应地向左和向右移动1～2毫米，唇彩和珠光唇膏的使用更容易体现出唇部的立体感。

⑤ 嘴角下垂的修饰方略

唇角下垂的人看上去缺乏生机与活力，容易给人一种沉闷的感觉。在涂唇膏时，应该刻意地将唇角的位置向上提升1毫米左右，把嘴唇画成一种曲线状。但同时也要注意不要将唇角提升得过于张扬，否则容易使上下嘴唇有极不协调、极不自然的感觉。

【四】让唇部更性感的小魔法

想要使唇部看上去丰满性感，吸引别人的注意，一个鲜艳丰满的红唇是不能少的，重点画法是：

第①步

先涂上润唇膏润泽双唇，并轻轻拭去多余的油分，然后用粉底隐藏原本的唇线。

用唇笔先勾出上、下唇的中间位置，然后延至唇角部分。需要注意，勾出的唇线，上唇要圆，带有一定弧形，下唇要丰满，唇边要描粗一些。

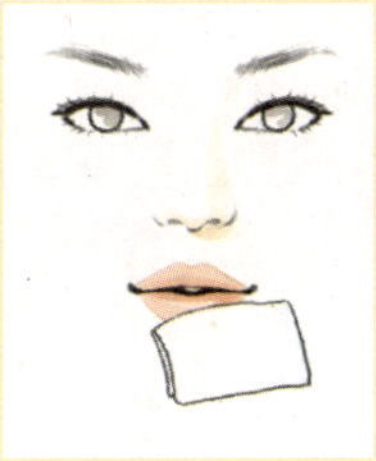

第②步

用唇笔沾少量的唇膏，从下唇中央开始，斜斜地打横涂上，再延至唇角部分。

下唇涂好后，轻闭一下嘴唇，让上唇沾些唇膏，然后用唇笔顺着唇部的轮廓涂抹。

第③步

用面纸轻压唇部，吸走多余的油分，如此唇膏就更加服帖。

第④步

用唇笔再上一次唇膏，然后，用唇刷沾取适量的唇彩，点在下唇的中央。

专家提示

也可将唇彩只涂于嘴角位置，可让唇部看起来更性感一点。

【五】打造唇的曲线美

唇线笔是打造双唇曲线美的不二法宝，不但可以使唇膏不易晕开唇边，也可以画出比原本双唇多一点的丰满度。

① 如何画出完美唇部曲线

先用蘸了清水的棉签或纸巾将双唇清洁干净，拭去唇上粉底霜的痕迹，以免涂完唇膏的双唇显得斑驳或无光泽。

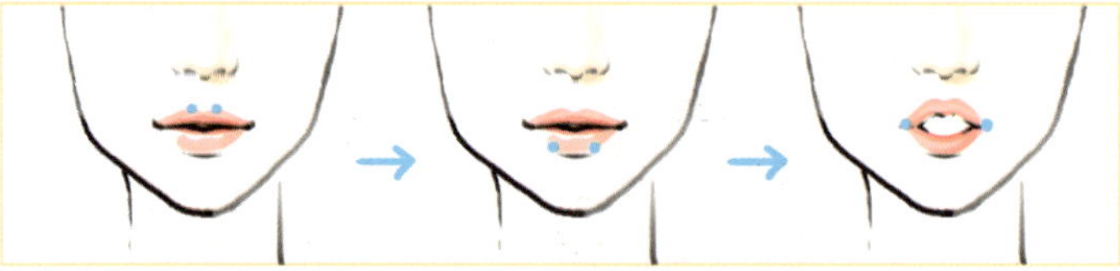

勾唇线时，先在上唇两个隆起部位点上两个点，然后，在下唇的1/3和2/3处点上两个点，再将嘴巴张大成“O”型，在两边嘴角点上两个点。如果是樱桃小嘴，就点在唇角的外缘，如果是较大的嘴，就点在唇角的内缘。

最后，从嘴唇中央向嘴角方向连接成线，勾画出唇型。勾唇线时，小拇指要抵住下巴，以免手抖动，造成唇线出界。

❷ 如何选择唇线笔的颜色

有时候因为吃喝东西，甚至舔嘴巴的习惯，往往会导致双唇中间部分的唇膏已掉色，只余下唇线的状况。在勾画唇线时，建议尽量选用接近嘴唇的颜色，如果颜色相差太远，唇膏脱色后就会有一种不自然的感觉。如果选用自然肤色的唇线笔，就算唇膏掉色，唇框看起来还是很自然有型。

【六】 哪种唇色最配你的气质

选择适合自己肤色的颜色固然很重要，但更为重要的是选择能显示自己独特魅力的颜色。这是因为唇膏的颜色往往反映一个人的审美和性格。

通常粉红色系既可使人显得可爱、温柔，又使人显得优雅。而玫瑰红色系，则可显示华丽与动感。如果你想使自己显得热情而富有魅力，那么就选择红色。橘红色象征年轻、健康、活泼。褐色则使人显得成熟、稳重。紫红色可使人显得优雅且富有神秘感。最近开始流行的“裸色”，则可以近一步体现妆容的自然感，可使人显得比较有亲和力。

那么，哪种唇色最配你的气质呢？如果一味追求装扮出独特的自我，而全然不考虑个人的肤色，那么，唇色就会与你的气质格格不入，所以，要想选到最适合自己的唇色，就应该根据自己的肤色进行选择。

一般情况下，我们亚洲人的肤色大致分为粉红色和褐色两大类。前者可细分为白皙和白里透红两类；后者可细分为黄色和小麦色。如果你想根据自己的肤色选择唇膏颜色，那么不妨照着下面的方案进行挑选：

❶ 如果你拥有小麦肤色或是肤色稍稍蜡黄

推荐这类肤色的你选用一些带有珠光色泽的唇蜜或唇彩，其中淡淡的浅咖啡色、透明的粉红色以及带有亮粉的近肤色都是不错的选择，这些颜色可衬托你的好气色。另外，提醒大家，橘色系的口红就绝对不适合你，这样的颜色擦起来显得肤色更加暗沉、没有光彩，还略带老气！所以橘红色和橙色应该尽量避免使用。而像荧光粉红和太深的紫色也最好不作选择，这些颜色涂上后会让你显出“病态”。如果你实在想尝试一下比较艳丽的红色系唇膏，建议你一定要在脸上和颈部做一个调节肤色的粉底处理，再涂上与唇膏颜色相配的腮红，这样看起来整体妆容才会既协调又得体。

❷ 如果你拥有人人羡慕的白皙肌肤

其实，拥有这种白皙肌肤的人，选择唇膏的范围是比较宽的。但是，即使是这样，在选择时还是应该有些禁忌。比如那种银色泛白的唇膏，除非你想买这种唇膏用作与其他色进行调色，否则，千万别涂上这种让自己显得没有精神的色彩。

③ 如果你不幸拥有一口黄板牙

如果你不幸拥有一口黄板牙，建议千万别涂桃红色、豆沙色、艳紫色或是橘红色的唇膏。这样余下可选的颜色就会变得很少，推荐透明的亮光唇彩，带点淡淡桃红色会是最佳的安全色，而且可以产生视觉上“暂时性”牙齿变白了的效果。

【七】让唇更柔嫩的小妙法

平时，我们总是会记得替自己的脸部与身体去角质，其实，嘴唇跟眼圈四周一样，皮肤是非常薄而脆弱的，所以，想让双唇也保持柔嫩的“年轻”状态，同样需要我们的悉心呵护。

① 专项护理小妙法

取少许的脸部磨砂膏，滴上几滴杏仁油混合带有滋润效果的晚霜，在双唇上

用指尖非常轻地以画圆圈的方式来去角质。

这样去角质不但使双唇的老化角质达到更新效果，更可以把脱皮屑用比较聪明的方式去除。按摩1分钟即可，用化妆棉沾温水或保湿化妆水拭去角质霜，然后敷上一层厚厚的保湿唇膜。如果没有唇膜，凡士林的效果也不错。

唇膜敷上5分钟即可，除去唇膜后，不用抹护唇膏你都会感觉双唇滑滑嫩嫩的。

② 日常护理小妙法

使用具有抚平唇部细纹功效的护唇产品，并要记得及时补擦。另外，少吃一些辛辣食品，经常保持唇部滋润，对减淡唇纹也有好处。

③ 清洁双唇小妙法

如果唇部已经形成褶纹，每晚卸妆时，要彻底清除掉褶纹里残留的唇膏。可买一瓶唇部卸妆液，将充分沾湿唇部卸妆液的棉片轻轻按压在唇上5秒钟，然后再轻轻擦拭。跟轻柔卸除眼妆的道理一样，先敷后擦更容易去色，也能避免用力擦拭伤害到唇部娇弱的肌肤。最后，再用棉花棒沾取唇部卸妆液，用手将双唇唇纹撑开，来卸除唇纹中的唇膏色素。

④ 专业美容师的建议

如果已经出现唇纹或者嘴唇常有脱皮的现象，应该避免使用亚光深色的唇膏，它会使你的唇部看起来更加干燥。

建议在涂唇膏前，先涂上一层护唇产品，它具有保护唇部肌肤的作用，还可有效减轻唇纹。然后，再用质地清爽的滋润粉底轻轻为唇色修色，这样涂出的唇膏，色泽更为完美。

▼ 链 接 interlinkage

制造水嫩双唇的必备小工具

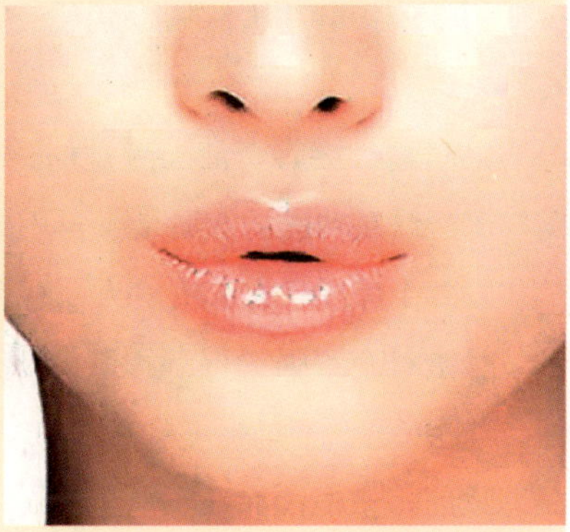

唇刷、面纸、棉花棒

唇刷可轻松描绘完美饱和的唇彩，面纸是不小心涂抹了过多的唇彩时可随时擦拭的工具，而棉花棒则是可修饰双唇轮廓的重要功臣。

唇笔与唇彩的搭配使用

唇笔可勾勒出精致的唇型，而唇彩可依个人喜好及功能性作不同选择。颜色淡的唇笔与淡色系唇彩可创造唇彩一致的效果；深色系的唇笔搭配淡色系的唇彩，则可使唇部轮廓立体；而深色的唇笔与唇彩有让嘴唇突出的明显效果。

【八】保持美唇的N个小动作

◎ 多喝水自然是有效的滋养之道，但是喝完水后，一定要记得用纸巾吸干唇上的多余水分，否则，水分蒸发会令唇部更加干燥。

◎ 不要用面部清洁产品卸除唇膏，而要用专业的唇部卸妆油卸除唇膏。否则长期清除不净的唇膏成分会给娇嫩的唇部带来沉重负担。

◎ 每晚临睡前在嘴唇上抹稀释后的蜂蜜。

◎ 不要总舔嘴唇，否则越舔越干，正确的做法是及时用护唇产品滋润。

◎ 别用手撕脱皮，这样有可能将唇部撕伤；可先用热毛巾敷3～5分钟，然后用柔软的刷子刷掉唇上的死皮，再涂护唇霜。唇部总发干最好不要涂唇膏。

◎ 选择唇膏尽量少用持久型，因为持久型唇膏质地较干涩，会使唇部更干，宜选择唇蜜，或在涂唇膏之前，先使用护唇膏。

◎ 用专业护唇霜去除唇部角质，由嘴唇中间向两边按摩，防止死皮堆积，每月做1次。

◎ 出门前、涂唇膏前和睡觉前，使用含有维生素C、维生素D和维生素E等具有良好保湿修复功能的润唇膏，再用柔和的面巾纸轻压唇部，达到双倍功效。

◎ 唇部干燥或已有起皮的人，忌食辛辣食物。

◎ 蜂蜜具有很强的保湿嫩肤效果，可每晚将蜂蜜轻薄地涂在嘴唇上，保留20分钟。

◎ 睡前将橄榄油涂在嘴唇上20分钟，然后擦净，坚持一段时间后，唇部就会湿润饱满。

◎ 奶粉也有润唇的功效，可将两匙奶粉调成糊状，厚厚地涂在嘴唇上，充当唇膜。

◎ 在双唇上涂大量的护唇膏，再用保鲜膜将唇部密封好，接着再用温热毛巾敷在唇上，敷5分钟，也可增加润唇效果。

◎ 先涂抹一层唇膏后，将果冻唇彩直接点涂在唇中央，塑造立体的双唇。

【九】漂出来的美唇

漂唇就是利用文针将红色、棕色或棕红色的漂唇液长久地植入唇部。通过这种手术可减少化妆的繁琐，弥补唇部的缺陷，使唇部显得格外妩媚，增加唇的美观和立体感。但是，漂唇应注意以下事项：

1 如果你不是过敏性皮肤或疤痕体质，则可以做漂唇；

2 唇色偏白，漂出来的颜色就会和所选颜色相差不大，效果会很明显；相反，唇色太深的人不宜做漂唇；

3 做完漂唇后一个星期内不宜吃海鲜、辛辣食物及发物，一个星期后就可以正常进食了。

4 一般情况下，漂唇的恢复时间为3~4天。如果是上班族漂唇的话，可以选择一个周末，这样就可以不影响正常的工作。

5 过敏体质不能做漂唇。一旦做了必会出现留下疤痕的现象，这一点请务必注意。

6 漂唇不必注射麻醉剂，只需表皮麻醉即可。麻醉后进行漂唇没有明显的痛感。一般三四天那层表皮即会脱落，颜色也就变得自然了。

PART 6 齿之美

【一】美齿标准

洁白整齐的牙齿可以令容貌增色生辉，尤其是当女性以微微露齿的表情微笑时，能生动展现出其容貌的动态美。古人常以“明眸皓齿”来赞美有明亮迷人的眼睛和洁白整齐的牙齿的女性，可见牙齿在容貌审美中的重要性。

现代美学认为，牙齿的洁白度、光泽度、排列整齐度、大小及牙齿本身的形状都是衡量牙齿美的重要标准，具体衡量角度如下：

从色泽上看 美的牙齿应洁白、富有光泽、无色素沉着及牙垢等瑕疵。一些漂白过的牙齿白则白矣，但毫无光泽可言，这正是与健康自然美白的牙齿之间的根本区别。

从形态上看 美的牙齿应符合这样几个条件：若编贝般整齐，呈对称的马蹄形；每个个体边缘光滑，齿间排列紧密没有缝隙；齿的大小与嘴唇搭配协调，即嘴唇微闭时不会凸起或下陷；上下牙弓之间的比例关系协调。

从健康角度看 无齿病及牙周病，能进行正常咀嚼，口中无异味。

牙齿的形态要与人的体型、面型等相协调，最美的牙齿放在不同脸型、不同体型及不同唇型的人身上未必就会美，还要视每个人的个体特点而定。比如，一个身材高大的人有一嘴细小的“糯米牙”就显得不协调，同样的道理，一位小巧玲珑的窈窕淑女一笑之下露出一口“大板牙”，也会显得滑稽可笑和不协调。

▼ 链 接 interlinkage

牙齿的生理构造特点与美的关系

牙齿的咬合与美　牙齿以及牙槽骨对面部软组织起支撑作用，从而维持面部外形的自然美观，牙齿咬合协调可令唇颊部丰满，面部表情自然，若咬合关系不正常，会直接破坏面部的美观。怎样的咬合状态才是正常的呢？一般来看，将上下颌牙齿咬在一起时，上面的中线和下面的中线应该对在一起，从侧面看上面的牙尖应该咬在下面两颗牙齿相连接的部位，保证牙齿彼此之间有一个很好的嵌合关系；上牙应该盖住下牙，一般不超过牙冠的1/3，如果太深则不正常；上牙应该在下牙的前面但也不能太前，应该在3毫米左右；在自然的放松状态下，口唇可以自然闭合，脸部很协调，从侧面来看，脸型比较平直，没有凹凸。这就是牙齿的正常咬合状态。此外，牙齿若有错位、缺损、过度磨损等现象，也会破坏牙齿形态的完整性，影响容貌美。

牙的形态与美　人的牙齿都要经过从乳牙到恒牙的更替，恒牙的形态是由许多点、线、面组成的多维立体结构，根据每个牙齿的位置、功能的不同而分化为四类形态：切牙、尖牙、双尖牙和磨牙。其中，切牙和尖牙合称前牙，位于口腔前部的两口角之间，在笑的时候能够显露出来，对容貌美的影响最直观。

牙的数量与美　一般人的恒牙在28～32颗之间，牙齿的数目不应少于28颗，这些牙齿分上下前后顺序排列在颌骨上。一般人为32颗，上下各16颗。多于32颗或少于28颗牙齿都会影响牙齿的外观，甚至严重影响牙齿的功能和美观。

牙釉质与美 每颗牙齿都由三层硬组织和一层软组织组成，由外到内分别为牙釉质、牙骨质、牙本质和牙髓。其中，最硬的牙釉质的色彩和亮度对牙齿的美白具有直接影响。

【二】哪种美牙方式适合你

很多人都为没有一口洁白整齐、健康的牙齿而烦恼，尤其是那些四环素牙、氟斑牙等变色牙以及牙有缺损的患者，美牙之心更是急切，总希望能通过什么好的方法来进行美化，以增添美丽和自信。

目前，美牙的方式有很多种：

① 使用美白牙膏

自有美白功能的牙膏问世后，很多人都一直坚持使用。这类牙膏究竟有多大的美白功效呢？事实上，美白牙膏主要是因为加入了含有微酸的化学成分，并通过内含的摩擦剂与牙齿表面的色斑发生物理性摩擦，而使色斑、色渍与牙齿表面分离脱落，达到美白目的。这种去渍美白的方法对牙齿表面暂时性附着的斑渍有一定作用。

局　限 对于牙刷触及不到的地方，美白效果就不明显，并且对一些顽固性牙渍如长期饮茶或咖啡、抽烟等导致的牙渍，去除作用也不大，对四环素牙、氟斑牙等内源性着色牙也基本没什么效果。某些品牌的增白牙膏虽然也加入了氧化剂，但由于化学成分含量少，一般刷牙时间短，所以增白的效果仍然很小。

专家提示

对于不同的使用者来说，由于牙齿情况和饮食习惯不同，使用美白牙膏的效果肯定也不尽相同，因此在选择美白、亮白牙膏时，应根据自己牙齿的情况和个人需要而定，即使美白牙膏具有美白作用，也不是对任何人都有用的。而且，长期使用美白牙膏会令牙齿表面变得粗糙，让牙渍更容易沉积在牙齿表面，因而美白牙膏不能长期使用。

另外，对氟过敏的人不宜使用含氟牙膏，以免受到氟的刺激引起口周皮炎。如果口周长有痘痘且正在发炎，也最好不要用含氟的牙膏，以免受到氟的刺激而加重发炎症状。

② 超声波洗牙

超声波洗牙可以清除牙齿表面的咖啡渍、茶渍和烟渍以及日积月累的牙结石、牙菌斑，所以会令牙齿看起来更洁白一些。一般半年到一年时间去洗一次牙，是保证牙齿干净健康的好习惯。

如果黄褐色牙齿只是因为浓厚的牙结石覆盖在牙齿表面造成的，那么定期采用洗牙的方法清洁牙齿并养成良好的生活习惯就是美白牙齿的最好途径。

如果牙齿本身颜色正常，但由于长期口腔卫生不洁导致牙石和菌斑（由食物残渣和口腔内细菌共同形成）附着在牙齿表面，牙齿颜色逐渐变黄、变黑，通过洗牙也可以很快去除牙齿表面的污垢，恢复牙齿正常的色泽。

局　限 对于生于20世纪七八十年代的美牙主体人群来说，洗牙无法改善牙齿内部的色素沉着，如四环素牙、氟斑牙等，对于长期抽烟导致的色素沉着，单靠洗牙也达不到理想的美白效果。

专家提示

并不是所有的牙科医生都具备洗牙技能，洗牙的效果取决于医生的经验和技术，为什么有时洗牙后没有特别不适的感觉，而有时则酸痛难忍、牙齿敏感要持续相当长一段时间，原因就在此。因此，洗牙首先应该选医生，其次才是选医院。洗后的牙齿应感觉清爽，不适感很快消失，牙龈没有持续性肿痛。此外，外源性着色牙在采用洗牙的方法后，如果配合美白牙膏来持续美白，则净白效果更理想。

链 接 interlinkage

烤瓷牙修复五点须知

须知一 应在牙周病治愈后再进行，因为牙周病患者常会导致牙龈萎缩，形成牙周袋，最终牙根暴露，牙齿松动，在这样的牙齿上加以烤瓷会增加牙周负担，加重牙周病。

须知二 近年来普遍使用的一般烤瓷材料是瓷粉经过高温烧烤、迅速降温而成的，硬脆、易裂、易色差，易损坏与之相咬合的牙齿。因此，建议用贵金属合金烤瓷牙，这是原先烤瓷牙的升级版，牙套内侧是贵金属合金，外侧是瓷，贵金属与人体的相融性比较好，且烤瓷表面细菌无法生存，所以不会出现蛀牙。

须知三 做了烤瓷牙并不等于一劳永逸，这和医师的水平以及受术者平时的保养有关，如果治疗及保养都很好，可以保持几年甚至更长的时间，否则会很快磨损掉。由于原材料原因，大多数烤瓷牙受力程度有限，一旦超过这个力度，很容易损坏牙齿，甚至影响它的寿命，因此，初戴时应先吃软的食物，最好不要用烤瓷牙啃硬骨头、吃螃蟹等食物。

须知四 烤瓷牙与基牙的接合处容易聚集菌斑，形成牙石，应该用专用的牙刷、牙膏细心清洁牙齿，否则牙齿白了，却带来了新的牙齿疾病。牙缝间可用牙线清洁，并定期到医院检查、洁牙。

须知五 并非人人都适合做烤瓷牙，有口腔疾病的人，特别是牙根在“生病”的人应该慎选。此外，18岁以下的未成年人、怀孕或者哺乳期的女性也不适合做烤瓷牙。

③ 做烤瓷牙

目前最接近天然色的美牙方法就是做烤瓷牙修复。做烤瓷牙其实很像戴一副牙套，具体来说，就是将牙齿外表面均匀磨除一层后，再用专用瓷性材料将其覆盖，重塑牙齿外形和色泽，恢复牙强度和美观。烤瓷牙又分为烤全瓷、瓷贴面修复、烤瓷冠等类别。

该法的缺点是磨除牙体组织的量较大，易造成牙齿酸痛，受到过大外力时易崩瓷，费用也相对较高。

一般来讲，适合做烤瓷牙修复的有以下几种情形：

一是牙齿有缺失的，但前提是缺失数目较少，并且邻牙健康，没有炎症或虽有炎症但经过治疗得到控制，经医生检查后可考虑做烤瓷牙修复；二是牙齿颜色或形态不佳的，如四环素牙、氟斑牙、锥形小牙、釉质发育不全等；三是牙列形态异常又不宜做正畸治疗的；四是因外伤而折断的牙齿或残留的牙根，如牙根有足够的长度，牙周情况又较好时，经过完善的根管治疗，可进行烤瓷牙修复；五是龋齿或牙齿缺损较大有裂纹、牙冠部分劈裂，牙齿变色呈灰色或黄褐色。这些情形都可通过烤瓷牙恢复美观及增加强度。

④ 可见光复合树脂修复法

这种方法是用黏合剂将一层近似正常牙齿颜色的树脂材料粘贴在轻微打磨后的牙齿表面，遮住牙齿本身的颜色。该法的优点在于只需要磨除少量的牙体组织，对牙齿损害较小，并且能在短时间内达到改变牙色的效果。此外，使用一段时间后如果覆盖层有部分脱落或颜色改变，还可再次进行修复，费用也相对较低，容易让人接受。对牙齿黑黄、经济承受力有限的人比较适合。

局　限 树脂可供选择的颜色较少，保持时间短，易脱落和变色，且遮色效果不能尽如人意，与牙齿的黏结强度也有限，故经此法修复的前牙不能承受较大或持久的咬合力，因此啃骨头、咬苹果等动作应尽量避免。

⑤ 药物漂白法

药物漂白牙齿其实就是根据化学原理，利用一些药物将牙齿表层中的色素置换出来，降低牙釉质的钙化程度及透明度，以此达到美白的目的，效果可以维持一年左右。这种方法的一个周期是14～21天。其优点是简便经济，对牙齿没有永久性的创伤，患者在一定程度上可以自行控制牙色的改变，适用的人群和范围比较广，对因年龄增长牙质改变引起的牙色发黄及外源性因素如抽烟、喝咖啡、嚼槟榔等引起的牙齿变黄变黑效果较好。

局　限 漂白法对患者牙齿的要求比较高，牙齿排列需相对整齐，牙体表面釉质发育需完整。且漂白后随时间的推移，釉质也可能发生再矿化，透明度增高，牙齿色泽又会复原，故容易反弹，需要定期巩固治疗。对四环素牙及氟斑牙等内源性着色的牙齿效果甚微，因为这种情形下的牙齿内部是黑色或黄色的，即使当时漂白了，几个月后往往又会恢复原来的颜色。

⑥ 冷光美白牙齿

冷光美白牙齿是目前一种比较新的技术，它以冷激光照射涂在牙齿上的特殊美白剂，快速清除牙齿表面上的外源性色素（如烟渍、茶渍、咖啡渍等），改善中度四环素牙、氟斑牙、药物性变色牙、遗传性黄牙等，使牙齿变白。该方法的优点在于，亲水性药物和完全不接触牙龈的美白过程对牙齿损伤极小，避免了引起牙神经的不适，而且耗时短。

小常识 common sense

造成牙齿变色的原因有哪些？

造成牙齿变色的原因很多，一般来说分为内源性和外源性两种。外源性变色是由于牙齿表面存在着的多种细菌在牙齿表面分泌许多黏性物质，日常饮食中的茶垢、烟渍以及饮用水中的某些矿物质吸附在这些黏性物质上，逐渐使牙齿变黄或变黑。内源性变色是在牙齿发育过程中形成的，如四环素沉积在牙本质内，就会使得牙齿变成黄色、棕色或暗灰色，成为“四环素牙”；如果饮用水中含氟过多，也可能着色导致氟斑牙，牙面呈白粉笔色、棕褐色斑块；如果牙神经坏死与细菌分解产物结合也可使牙齿变黑。

⑦ 美牙健齿Q&A

Q　戴牙套矫形对成年人有效吗？

A　许多成年人的牙齿天生生长不佳，在生长发育期又因为种种原因没有接受过牙齿矫正治疗，其容貌美因而受到影响。在专家看来，虽然成年人的牙齿钙化程度好，可塑性不大，但是以现在的医疗手段和齿科正畸材料，完全可以让40岁以下的患者在比以往短得多的时间内完成牙齿美容整形。一般来说，如果情况不太严重，大约在一年半到两年的时间内就可以取得矫正效果。

Q 四环素牙患者美牙前需要做哪些咨询？

A 四环素牙患者应先到专科医院进行咨询和治疗，请医生对自己的牙裂情况、咬合关系、咬合位置、咬合力的大小、咬合的习惯以及心理承受能力、对工作生活造成的影响、是否会影响说话或发音等作一综合评估，然后选择一种适宜的治疗方法。通常来看，可见光复合树脂修复法、烤瓷贴面修复法、烤瓷全冠修复法都比较适合四环素牙患者。

Q 第一次做美白牙齿治疗前应注意什么？

A 为了避免因不恰当的治疗方式引起牙龈肿胀出血、牙齿色彩呆板甚至长期疼痛不适等问题，专家的建议是：第一次做美白治疗前一定要先到专科口腔医疗单位找有经验的医生做一次全面检查，让医生根据你牙齿着色的程度和深度为你制定最适合的美白治疗方案，并问明整个疗程的疗效及收费等情况后再接受治疗，切忌盲目跟风，因为有些牙齿美白方法并不适合你。

专家提示

每个人的治疗效果还要视其原来牙齿的颜色及个人情况而定。比如，对于内源性轻、中度的四环素牙、氟斑牙、轻度着色牙采用冷光法治疗效果就十分理想，中、重度着色牙经过几次治疗可以改善色泽。另外，治疗效果维持时间的长短会因个人饮食习惯及牙齿本身结构而定，但一般可保持两年左右。

治疗后24小时内牙齿很容易再染上有色物质，因此必须避免茶、咖啡、可乐、红酒、莓果类饮料等深色食物，也不能使用有色牙膏、漱口水等，同时要避免吸烟。

【三】日常护齿八点小建议

除了遗传因素外，牙齿的颜色和硬度还取决于日常的保健工作做得如何以及生活、饮食习惯是否健康。专家建议我们平日应从以下几方面进行牙齿保健。

① 正确刷牙

保护牙齿最基本、最经济的方法是正确有效地刷牙，以祛除食物残渣和牙面菌斑，按摩牙龈，保护牙齿健康。

② 使用牙线

所有的牙医都认为使用牙线与刷牙一样重要。食物残渣积留在牙缝中很容易引起蛀牙或牙龈炎，而牙线能十分有效地清洁牙缝中的残留食物和细菌。

小常识 common sense

对于刷牙，你应该知道的几个关键

正确的刷牙方法 想拥有好的牙齿要从最基本的刷牙开始。正确的刷牙方法应该是不损伤牙齿及牙周组织的竖刷法，即：刷上颌后牙时，将牙刷置于上颌后牙上，使刷毛与牙齿呈45度，

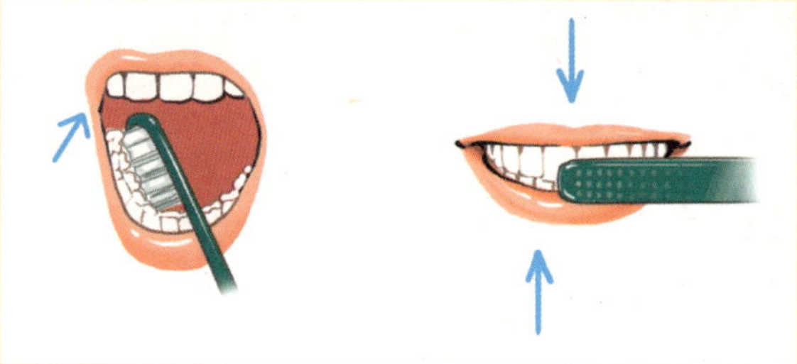

然后转动刷头，由上向下刷，各部位重复刷10次左右，里外面刷法相同。刷下颌后牙时，将牙刷置于下颌后牙上，刷毛与牙齿仍呈45度角，转动刷头，由下向上刷，各部位重复10次左右，里外面刷法相同。上、下颌前牙刷法与后牙方法相同。刷上前牙腭面和下前牙舌面时，可将刷头竖立，上牙由上向下刷，下牙由下向上刷。刷上下牙咬合面时，将牙刷置于牙齿咬合面上，稍用力以水平方向来回刷。

牙刷选择 牙刷最好是锯齿状、圆头的，不要选平头状的，这样牙缝才会刷干净，因为牙缝最容易堆积食物残渣和沉积色素了。还需要注意的是，牙刷使用时间长了，刷毛就会弯曲蓬乱甚至脱落，减弱了洁齿能力，因此，1~3个月换一次牙刷较好。每次刷完后用清水多冲洗几次牙刷，甩干水分。

牙膏用量 刷牙时牙膏的分量并不是越多越好，每次刷牙时只需要黄豆粒般大的分量便已足够。

刷牙时间 每次不少于3分钟。

刷牙水温 刷牙以温水为佳，水温以35℃~37℃为宜。

美白刷牙小妙招

每晚在刷牙后，用化妆棉沾柠檬汁摩擦牙齿，牙齿就会变

得洁白光亮。柠檬的洗净力强，又有洁白作用，且含有维生素C，能强固齿根。

一天刷3次牙，用不同的牙膏。早晨用绿茶牙膏可以清新口气，中午用竹盐牙膏可以消炎健齿，晚上用多效牙膏可以整晚清爽。

牙签与牙线，到底哪个好？

用牙签剔牙有弊无利，因为外加的力量会使接触紧密的牙齿逐渐分离，导致牙缝越剔越宽，牙缝增宽后不仅容易嵌塞食物，而且容易损伤牙龈黏膜、龈乳头，导致牙龈乳头发炎，引发蛀牙、牙周病等问题。因此，应该摒弃这种很不好的生活习惯。

牙线能比牙签更有效地清洁牙缝。一根细细的牙线，可以轻易地放到牙缝中间，在不损伤牙齿和牙龈的同时，把牙缝中的细菌刮掉。选择牙线应该注意太细的反而不好，牙线一般由细线组成，所以应该选择相对而言比较宽厚、做工细致的牙线。使用牙线应该保证每天至少一次，饭后使用最好。

③ 每半年定期进行一次口腔检查、洁牙，没病防病，有病早治。

④ 饭后使用漱口水。

漱口水能帮助去除口腔异味，清新口气，清除食物残渣。

⑤ 均衡地摄取食物，保护牙齿健康。

均衡的饮食、适量分配一天中的各餐(为了避免吃零食，一天中应安排四餐：早餐、午餐、晚餐和点心时间)对牙齿的坚固十分有利，食物中的脂类、某些蛋白质（奶酪的酪蛋白）、矿物质（磷、钙、氟等）具有抗菌、抑制釉质中

无机盐排出的作用，可以令我们的牙齿更好地抵抗刺激、釉质侵蚀、龋齿等。

⑥ 多用牙齿咀嚼。

良好的咀嚼能够加强牙龈的强度，促进唾液分泌，唾液流量增多并参与消化过程，对牙齿能起到杀菌作用，也降低了龋齿的危险性。

⑦ 养成良好的生活及饮食习惯。

平时少喝茶、咖啡、红酒等深色饮料；饭后勤漱口；戒烟；尽量少喝苏打水和运动饮料，因为其对牙齿珐琅质的损害程度大大超过可乐，危害分别是后者的3倍和11倍，如果一定要喝，为了减少饮料与牙齿接触的时间，要尽量快喝，而不要小口地喝，或者用吸管也行。

⑧ 多吃有美齿功效的食物。

研究发现，牙齿的健美与日常所吃的食物有关，因为一些天然食物里的成分可以对抗造成蛀牙的口腔细菌，强化牙齿珐琅质，从而起到保健牙齿的作用，同时还可以帮助消除恼人的不雅口气，让你更自信地展露笑颜。具有美齿功效的食物有以下这些：

富含维生素C的食物

维生素C是维护牙龈健康的重要营养素，可减少蛀牙和黑色素，严重缺乏的人牙龈会变得脆弱，容易出现牙龈肿胀、流血、牙齿松动或脱落等问题。维生素C的最佳食物来源是各种蔬菜水果，如芹菜、甜椒、球茎甘蓝、绿花椰菜、西红柿、弥猴桃、柑橘类水果、木瓜、草莓、樱桃等。每天均衡摄取3种蔬菜、2种水果，就能满足身体的需求。

洋葱

洋葱里的硫化合物是强有力的抗菌成分。在试管实验中发现洋葱能杀死多种细菌，其中包括造成蛀牙的变形链球菌，而且以新鲜的生洋葱效果最好。每天吃半个生洋葱，不仅预防蛀牙，还有助于降低胆固醇、预防心脏病及提升免疫力。

专家提示

生鲜果蔬如胡萝卜、苹果等被咀嚼的时候会与牙齿表面进行摩擦，实际上起到了清洁牙齿的作用。相反的，某些食物对牙齿很有害，如“软”食品一类的零食、碳水化合物食品(糖果或者甜饮料、面包、糕点等)或者酸性食品(如苏打水、有添加成分的果汁)，通常会增加龋齿的危险。因为这些食物中的糖分可以转化为酸，而酸可能破坏牙齿表面的釉质。因此，在每次吃完这些食物之后一定要仔细清洁牙齿。如果条件不允许，也可以认真漱口或者嚼一块无糖口香糖。

香菇

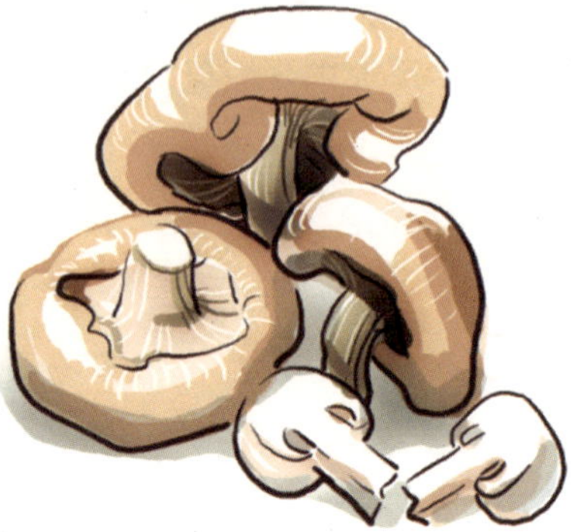

又名香蕈、冬菇、花菇、香菌，香菇味甘性平，其所含的香菇多糖体可以抑制牙菌斑的产生，同时还是降脂减肥、抗癌的佳品。用之煮汤、清炒或凉拌都很可口，每周要保证吃2~3次。

芥末

芥末内含一种称为异硫氰酸酯的成分，该成分可以抑制造成蛀牙的变形链球菌繁殖。它也存在于其他十字花科蔬菜里。日本料理中使用芥末较多。也可以将一小匙芥末加上少许酱油调匀，作为水煮海鲜类的蘸酱。

专家提示

含有丰富纤维的芹菜可帮你的牙齿进行一次“大扫除”，“扫掉”牙齿上的一部分食物残渣，减少蛀牙的机会。同时，吃芹菜时你要费劲咀嚼，这样能刺激唾液分泌，平衡口腔内的酸碱值，达到自然的抗菌效果。因此，应多吃芹菜。

另外，每天吃一个番石榴也是让牙龈常保健康的好方法。它的维生素C含量高居水果之冠，热量又低，护齿的同时又能增加饱足感，有利于减肥。

▼ 小常识 common sense

绿茶的奇妙功效

被日本人视为长寿之宝的绿茶，对健康有独特的益处，许多研究都指出它的抗氧化能力相当强，可以预防多种癌症，常喝的人也会减少罹患心血管疾病的风险。尤其是整天都处在空调环境里的上班族，皮肤较其他人更容易出现问题，如干涩、容易长小细纹等，而喝绿茶除了可以补充水分外，还可以抵御电脑辐射。

绿茶

绿茶含有大量的氟（其他茶类也有），可以和牙齿中的磷灰石结合，具有抗酸防蛀牙的效果。另一方面，研究还显示绿茶中的儿茶素（catechins）能够减少在口腔中造成蛀牙的变形链球菌，同时也可除去难闻的口气。可以视个人喜好，一天喝2～5杯绿茶，建议在用完餐或吃了甜点之后饮用。不过，因为绿茶里含有咖啡因，所以孕妇应该限量饮用。

天然矿泉水

天然矿泉水是氟的天然来源，氟可以增加牙齿的釉质，坚固牙齿，保护牙齿免受微生物的侵蚀。大多数矿泉水每升中含0.3毫克的氟，有的每升含量更高一些，可以满足人体每天对氟的需求量。但是，如果氟质摄入过量（每日多于2毫克）可能会使牙齿变黑。

如果不能每天喝矿泉水，就喝一般的白开水或纯净水也可以，因为喝水能让我们的牙龈保持湿润，刺激唾液分泌量增加。尤其是在吃完东西之后喝一些水，可以顺道带走残留在口中的食物残渣，不让细菌得到养分，借机“作怪”而损害牙齿。

薄荷

薄荷叶里含有一种单帖烯类的化合物，可以经由血液循环到达肺部，让你在呼吸时感觉气味清新，缓解牙龈发炎、肿胀的不适感，同时也能减少口腔内的细菌滋生繁殖，消除“坏口气”，此外，薄荷的淡淡清香还有助于提神醒脑。

在欧美国家，许多家庭用薄荷叶自制漱口水，以杀菌、缓解牙龈发炎及肿胀等不适感。

无糖口香糖

吃过东西之后，如果不能立刻刷牙，嚼5分钟左右的无糖口香糖也是清洁牙齿的一种好方法。因为嚼食无糖口香糖可以增加唾液分泌量，中和口腔内的酸性，进一步预防蛀牙。尤其是嚼食添加有木糖醇的无糖口香糖对抑制造成龋齿的细菌效果明显，同时还有利于杀菌、减少牙斑。不过，嚼口香糖别超过15分钟，5分钟后吐掉为宜。另外，牙科医生强调，嚼口香糖并不能取代刷牙及使用牙线来清洁口腔，因此还是要尽可能吃完东西就马上刷牙。

奶制品

多吃奶制品可以保护牙齿，让牙齿更坚固。因为奶制品是身体所需要的钙质和磷质以及牙釉质和牙根支撑骨的主要矿物质材料的最好来源，钙摄取不足会动摇骨本，耗损牙齿健康。其所含的主要蛋白质还能限制牙釉质无机盐排出过多。奶制品中又以乳酪比较好，乳酪里所含的钙及磷酸盐可以平衡口腔中的酸碱值，改善有利于细菌活动的酸性环境，预防蛀牙；而且还能够增加齿面的钙质，有助于强化及重建珐琅质，使牙齿更为坚固。

▼ 链 接 interlinkage

给牙齿“化妆”

如今，在社交聚会中，常能见到一些时尚女性为了让笑容增加“杀伤力”，给牙齿也“化妆”了，即给牙齿镶“钻”，开口一笑间牙齿也光彩夺目起来。“牙钻”很小，平常不容易发现，但一旦站在阳光下或者出现在绚烂的派对等强光环境里，它就能迸发出耀眼的光芒，让人笑起来充满魅力。

这种源自欧洲的“镶钻”其实也就是常说的“钻石牙饰”，它们多取材于天然水晶，经过精心打磨，薄而透亮，厚度在1毫米以下，不会给佩戴者带来异样的感觉。“镶”是指用特制的光固化树脂将一小颗一小颗的水晶贴在牙齿表面，这样一来，牙齿在光线的反射下就会闪现出晶莹的光泽。光固化的时候用的是蓝色可见光，由于只是在牙釉质层面进行操作，因此对牙齿没有机械损害。

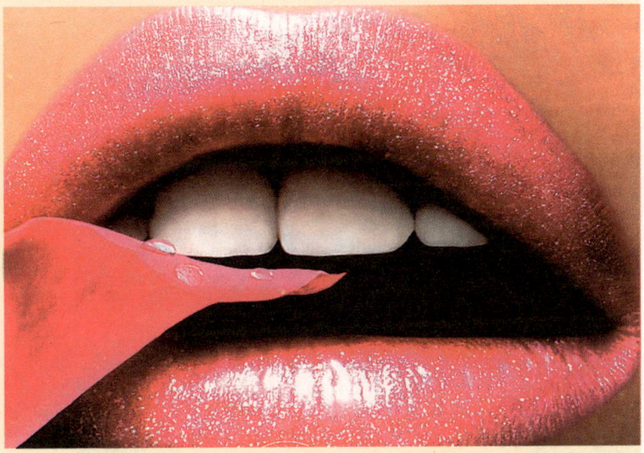

这种镶贴上的牙饰一般可维持1~5年时间，其价格因所用牙饰的产地、规格等差异而有所不同，比如从国外进口的就比较贵，大约每颗在四、五百元不等。

要注意的是，这种美齿方法虽然对牙齿无损害，但需要注意以下几点：

□ 和洗牙、补牙等一样，要求有清洁的操作器械和卫生环境以及质量可靠的牙饰材质，因此，镶水晶牙饰最好去正规的口腔医院或美容整形医院。

□ 安装后要注意保护，不要用猛力啃东西吃，比如啃甘蔗、骨头等，以免引起镶钻脱落。

□ 安装后更需要注意清洁护理，坚持每天清洁牙齿，定期做口腔清洁，以保护牙齿。

□ 如果镶嵌后想再将它取下来，不要自己动手去弄，还需到医院请医生帮忙取掉。

□ 患口腔溃疡的人装了镶钻牙饰后，可能会导致口腔溃疡更加频繁或严重，因此，镶之前应该慎重考虑。

PART 7

耳之美

众所周知，耳朵是人的听觉器官，而其中决定耳朵外观的部位则是外耳的耳廓部分。

当人们在戴眼镜和戴耳环后才开始注意到耳廓对容貌美的价值，一对圆润、有形、饱满的耳廓能增加容貌的对称美、和谐美。

【一】美耳标准

女性的耳朵美大体上应该具备三个方面的条件：外耳的位置美、形态美和大小美。

① 耳的位置美

两个耳廓对称地排列在头部的两侧。耳廓的位置是上缘约与眉毛等高，下缘（耳垂附着点下界）位于鼻底的水平线上，此两线基本上是平行的。

关键提示：

耳廓的长轴（耳轮上1/3处最高点与耳垂最低点的连线）与鼻梁成一定的角度，两者交角约为13度。耳轮前端与颞部相接处与外眦水平，耳轮附着点至外眦距离相当于耳廓的长度，一般为62～65毫米。乳突至耳轮缘的距离约为1.8厘米。耳垂与颞部相接处在鼻尖水平。耳垂下缘在鼻翼基部水平。耳部具有一个“黄金矩形”：以耳轮下脚水平的耳宽为宽，以耳轮上缘至耳垂下缘间距为长，构成耳部的黄金矩形。

② 耳的形态美

耳廓大略呈一个小写的阿拉伯数字“3”的形状，耳廓的外缘应该较为圆滑，

专家提示

耳朵的皮肤应该大体上与面部的皮肤颜色一致，或者略呈一点粉红色。外耳形态的美，还包括一些主要结构的健全与正常，这些主要的结构有：耳轮，是指耳廓上、外侧的游历缘，构成耳廓上缘和外侧缘，耳轮从外后向前呈卷曲状，越向上卷曲越甚。耳垂，位于耳廓的下端，约占耳廓全高的1/5，柔软、无软骨，是佩戴耳坠的最佳部位。耳垂有圆形、小圆形、方形、短方形、卵圆形、三角形及尖三角形等几类形态，耳垂的形态以圆形和卵圆形为最美，美丽的耳垂还要丰满。耳轮结节，也称为耳廓结节或者达尔文结节，位于耳轮的后上方，微隆起不明显，是动物耳尖的遗迹，也是耳廓分型的重要依据。

线条优美，有的人还将漂亮的耳朵视为海螺形。

③ 耳的大小美

美的耳朵应该是耳廓宽度和长度适中、丰满、弧度优美；耳垂的形态优美，并且耳垂要肥硕饱满；耳廓的外倾度适中。整个耳朵的大小还要与人的脸面的大小长短相适应，耳朵的形状也要与人的脸型相匹配。

耳廓约长65毫米，宽（这里指的是容貌耳宽，它也称耳幅，为耳前点至耳后方之间的直线距离）约35毫米。长为62～65毫米的耳廓为长度适中，55毫米以下为小耳，大于70毫米为大耳。耳廓的宽度男性为31～34毫米，女性为29～33毫米。耳垂的高度通常为16毫米左右。耳背中段凹陷软骨与颅侧壁之间成90度夹角。耳朵的上三分之一的宽度为外耳全长的15%～25%，亦即为5～8毫米。耳垂的长度为耳廓全长的20%～25%。

▼ 小常识 common sense

耳朵的分类

根据耳廓的形态及达尔文结节的形态，可将耳廓分为以下六种类型：

猕猴形耳廓 耳轮上外侧呈尖形突出而不向内卷，耳垂大而圆。

长尾猴形耳廓 耳轮上缘有尖形突起，外侧缘向内卷不明显，耳垂大而尖。

尖耳尖形耳廓 耳廓上外侧缘圆滑，外侧缘内卷曲。

圆耳尖形耳廓 耳廓略宽，上缘及耳垂略呈尖形。

耳尖微显形耳廓 耳廓上缘平坦，侧缘内卷曲延伸至耳垂，耳垂小。

缺耳尖形耳廓 耳廓外缘弧度较大，边缘向内卷曲明显，耳垂小。

【二】耳朵的修饰与美化

耳廓位于头颅两侧，左右对称，是人体容貌不可缺少的部分，如果耳廓过大或过小，会令人感到整个头部不协调。如何才能改善和弥补这种先天不足呢?

① 大耳朵的修饰方法

可选择比肤色略深一号的粉底修饰耳朵，因为深色粉底具有收敛的作用，可以从视觉上让耳朵显得更小一些。但需要注意，在打粉底的时候，不要将深色粉底抹得太厚，这样反而会显得耳部很脏。

耳朵比较大，也可以通过发型来协调整个头部，让整体看起来更协调一些。避免过短的发型，推荐选择中长发或长发，最好是带卷的大波浪型长发。中长的卷发可显俏丽，但如果耳朵较大，最好在耳朵后方也留有一些蓬度，而且耳朵下方也留一些头发。

饰品则应与脸型结合，选择大一些的耳饰，使别人的注意力容易集中在耳饰上，但切忌使用质量太重的耳饰，以免把耳朵坠得更长或者发生变形，同时，也不要选择太抢眼的饰品，否则，人们的目光往往更会被吸引在耳朵部位，耳朵过大的缺陷也更容易被人发现。

❷ 小耳朵的修饰方法

首先，应保证耳朵和肤色的统一，在给耳朵化妆时，应均匀地在耳朵上打与面部一致的粉底；

其次，要注意发型的式样，它也起到很大作用。比如可用头发遮住一半的耳朵或用不对称发式露出一边耳朵。如果实在觉得耳朵太小，影响整体形象，干脆请发型师给你设计一款遮住耳朵的发型。

在选择饰品时，最好选择较小的耳部饰品，以有光泽感的小耳钉、小耳环为宜。

【三】给耳朵化个妆

通常情况下，大多数人的耳部皮肤比面部更红，那是因为耳朵上的穴位和毛细血管极为丰富，而耳朵上的皮肤较薄，真皮无乳头层，缺乏皮下组织，紧密地附着于软骨，而软骨又几近透明，如此毛细血管就会暴露无疑了。微红通明的耳朵，会让人产生青春健康、娇羞可人的美感；但如果耳朵赤裸微红，而打过粉底的面部颜色偏白，则两者的色彩差别就会太大，让人觉得不协调。给耳朵化妆应注意的几个问题：

1 粉底匀染。把基础粉底均匀地涂敷在耳朵的里里外外、凹凸中间、耳垂各处。这样做了，自然比以前什么都不做的情形好得多。

2 匀明。在涂抹好粉底的基础上，把耳朵稍前部分、高的部分和耳垂部分，用

与粉底同调但略为明亮的颜色匀明。

3 添加红色。在耳垂上涂上微红的颜色，这是为了使耳垂显得更加丰满，更感自然，膏脂状的油质腮红胭脂使用方便，效果也很好。

4 修改厚薄耳垂。如果耳垂比普通人要厚，则可以在耳的轮廓上淡淡匀染红色。反之，若耳垂较薄，则把红色由周围向中心晕染。

5 如果要戴耳环，则仅在耳廓上轻染淡红，这样看起来就很美观。

6 有的人耳朵上的汗毛比较明显，看上去毛茸茸的，这就应该将汗毛想办法除去，比如用脱毛膏、脱毛液之类的东西。

7 如果要参加朋友或者亲戚的聚会，耳朵上最好佩戴适当的耳饰，它会令你锦上添花，魅力倍增。如果没有耳洞，那就给自己的耳朵扑点粉，保持耳朵干净自然、玲珑剔透的自然美。

【四】脸型与耳饰对号入座

耳饰按形状大致可以分为三种类型：一种是长形的耳坠；一种是圆形的耳环；再一种是耳坠与耳环的结合物。不同脸型的女性应该佩戴不同形状的耳饰，这样可以使耳饰与面部互相弥补映衬。只有佩戴与脸型相适应的耳饰，才能使耳朵与其产生相得益彰的效果，使面部看起来更丰满、协调、漂亮。所以不同脸型的女性要根据自己的实际情况选择合适的耳饰。

① 鹅蛋脸适合的耳饰

这种标准脸型的女性，佩戴与自己气质相符的任何款式耳饰均可。

② 圆脸型适合的耳饰

应选用长形，比如长树叶形、“之”字形、水滴形的垂线形耳饰，其中长树叶型为最佳选择；

耳坠下端挂一小耳环的时尚扮靓法，也比较适合圆脸型的女性；

圆脸型的人，宜用长而下垂的方形或三角形耳饰；

耳坠最适宜圆脸型的女性佩戴，长长的耳坠向下垂挂，能使面孔产生椭圆形的美学效果。

③ 菱形脸适合的耳饰

属此种脸型的人，最宜佩戴的耳饰，莫过于“下缘大于上缘”的形状了，如水滴形、栗子形等；

应避免佩戴像菱形、心形、倒三角形等坠饰。

④ 瘦长脸型适合的耳饰

适合佩戴增加脸型宽度感的耳饰，大方形及大圆形是比较理想的款式；

瘦长脸型的人，也比较适合圆环形耳环和扇形耳环，别戴摇摆的长形耳坠，以免脸部显得更长；

圆形或圆球形的耳饰比较适宜瘦长脸型的女性佩戴，由于视错觉，它可以将脸型衬托得较为圆润丰满。

⑤ 方脸型适合的耳饰

可戴卷曲、较粗大的悬吊形耳饰或较大且紧贴耳朵的悬挂式耳饰，以使脸显得狭长些；

可选那些使脸看起来减少宽横的款式，如线形的耳链。找一些横或斜遮着耳珠的耳环最合适。

⑥ 心形脸适合的耳饰

可选择上窄下宽型，如三角形、梨形等耳饰，使脸看起来更加和谐自然；

选择大四方及长方、大纽形、大垂圈耳饰，都能使脸的下半部分看起来更饱满。

链 接 interlinkage

设计师眼中耳饰的分类

耳饰，可分为耳环、耳链、耳钉、耳坠等等。耳饰的式样繁多，从结构上大体可分为插钉型和耳钳型；从款式上可分为耳钉型和耳坠型；造型上有圆环形、方形、三角形、不规则几何形等各式各样，千变万化。

而在耳饰设计师眼中，耳饰主要有三大类：传统的、改良的、现代的。

□ 传统的耳饰其款式和结构都有着较长的历史，经过长时间的改进和完善，主要款式有：双丝花耳环、珍珠花形耳环、饰钻如意耳环等。结构有套穿式，也有插针式。这类款式是为老年人设计制作的，它保留了过去的使用习惯和欣赏眼光。

□ 改良的耳饰是在传统的基础上进行改革和创新。例如在我国比较受人喜爱的喜、福、禄、寿等吉祥文字，经过设计师的艺术加工，用在耳饰上别有一番情趣。

□ 现代的耳饰，不仅数量多、内容广，而且发展快。它虽有一些传统的元素，但更多的是一些抽象形象，如爆炸式、闪光式、回旋式。色彩上已完全突破传统的单一色调，向“复色”、“补色”、“闪色”等多色彩方向发展。

【五】耳饰巧搭配

耳饰是服装配饰之一，除了增进美感之外，还有其他的作用，例如将别人的视线移开，掩饰部位的不足等。不过，选择时也要配合自己的肤色、服装、发型、体型巧作搭配，购买时更要试戴，在镜前从各种不同角度仔细观察，戴起来的确好看才进行购买。

❶ 耳饰色彩的搭配

耳饰的色彩应与着装色彩相协调，同一色系的搭配可产生出和谐的美感。反差比较大的色彩搭配如果恰如其分，也可使人充满动感。

❷ 耳饰与肤色的搭配

耳饰的色彩还应与肤色互相陪衬。肤色红润者，可选彩珠耳饰、花形耳饰等色彩鲜艳的耳饰；肤色较白者，可选戴宝石、金属耳饰以及贝类雕刻的耳饰，不适合戴钻石、水晶首饰，这样会显得太苍白；肤色略黄的人，可选白金、白银、象牙耳饰；肤色黝黑者，适宜戴华丽的珍珠耳饰或具有粗犷风格的雕刻类耳饰。

③ 耳饰与服装的搭配

穿着不同的服装时要搭配不同的耳饰，以与服装相协调，所以一般需要准备几套耳饰来配合服装的更换。

选戴的耳饰从款式造型、色彩、材料到做工和质感等都与服装的面料、色彩、款式有密切的关系。只有合适而巧妙的佩戴，才能使耳饰和时装搭配出风情。

用绒线、呢料以及裘皮等厚重型面料制作的服装，搭配的耳饰材料应该是比较贵重的金银珠宝等，耳饰的造型款式需要适当地规则化，同时质量要求较高，这样可以显示着衣者的高贵与典雅。反之如果佩戴过于轻薄的材料制作的耳饰，就与厚重的服装面料不相称，从而影响整体装束的风格。

如果服装的材料是丝绸、软缎等轻薄型的面料，就要佩戴那些贵重而又精致的耳饰，这样搭配出来的风情就是轻盈、俏丽、优雅而又柔情。过大的耳饰和粗犷的造型，在绸缎面料的对比下就会显得笨拙而又粗俗。

同时，服装的式样款式也是选择耳饰的造型和材料的主要因素。一般的休闲服、运动服、旅游服等，都不会有复杂的装饰，其特点是实用、方便，选戴耳饰的范围就比较大，但选戴用牙、角、木头、塑料、皮、骨等材料制成的艺术风格的耳饰，搭配出来的风情就更具情趣和个性。

礼服是较正式的着装，耳饰的材质既要与礼服高档的面料相配，同时款式和质量也应是高档次的，这样才能在格调和品位上保持整体形象的一致。

④ 耳饰与发型的搭配

长发与狭长的耳坠搭配可显示淑女的风采；短发与精巧的耳钉搭配可衬托女

性的精干；不对称的发型与不对称的耳饰搭配可使人赏心悦目；古典的发髻搭配吊坠式耳饰使人优雅高贵。

⑤ 耳饰与体型的搭配

身材矮小的女性，如佩戴贴耳式点形小耳饰，会显得优雅、秀气、玲珑。如戴上有坠子的耳饰，由于视觉导向的下移，体型将显得更矮小。身材瘦高的女性，佩戴耳坠或大耳环，可增添美感。

⑥ 耳饰与颈部曲线的搭配

除了考虑以上因素之外，还要注意你的颈部。如果你的颈长，戴吊树式的长耳环是最妙。反之颈短者切勿佩戴。

▾ 链 接 interlinkage

职业女性选购耳饰小贴士

在购买时多试，货比三家，自然容易选出令人满意的耳饰。

年龄、个性和身份可以从一个人的装扮上看出一二。职业妇女常有机会参加宴会、应酬，不妨在珠宝公司选购宝石、珍珠耳饰，既保值，佩戴时又高贵大方，且不易过时。不过，要特别注意镶工，工太粗，会减低耳饰的价值。平时上班或外出，可选用K金或镶有小宝石或碎钻的耳饰，其价格不高，但看上去很有价值。

耳饰本身是美丽的饰物，戴在耳朵上除了要让人注意到它本身的美之外，还有搭配发型、服装，构成整体的效果。所以千万不要赶时髦，而应选择适合自己的，让它为你增添迷人的风采。

【六】耳朵的清洁妙方

人人都知道怎样清洁身体的皮肤，但其实很多女性都不知道耳朵应该如何清理。有人用湿纸巾进行清理，有人是在洗脸的时候用毛巾清洁耳朵，但这些方法都无法彻底清洁耳朵。怎样的清洁方法才是正确的呢？

❶ 耳道的清洁妙方

市场上有卖一种前端是小勺子的挖耳朵棒，其实现在有一种日本进口的螺旋状挖耳棒，伸进耳道中旋转一下，就可以把耳屎轻松拉出来，这种挖耳棒在国内商场里比较少见，但在淘宝网上可以买得到。

❷ 耳廓的清洁妙方

通常在化妆时，隔离霜、粉底腮红会延伸到耳廓上，所以，卸妆时也要把耳廓和耳垂上沾到的化妆品卸得干干净净才行。先准备好卸妆油和棉棒，然后用卸妆油浸透棉棒，再用棉棒对整个耳廓进行卸妆。

当整个耳廓都涂上了卸妆油后，再用一张干净的化妆棉对耳朵进行轻轻的擦拭，这样可以初步清除掉皮肤表面的化妆品。

当卸妆完毕，就用温热的水进行冲洗，如果怕水流进耳道，可以用干净的湿毛巾进行擦拭。为了彻底清洁掉耳廓上的化妆品，最好选用质地较柔、较薄的毛巾，这样才能更好地清洁掉耳廓沟壑里残留的化妆品。

③ 保持耳朵清洁健康的小贴士

1 避免到太嘈杂的地方，如歌厅、迪厅。

2 在高噪声的环境下工作，要配戴适当的护耳罩及耳塞。

3 耳朵发炎或耳鸣，要立刻看医生。

4 用耳机听CD、MD、MP3时不要把音量调得太大。

5 耳垢是一种天然保护外耳道的分泌物，不需特别清理，每天只要清洗耳廓便可。不要以为棉花棒是较佳的洁耳工具，其实这只会将大部分耳垢推得更深入耳孔，形成嵌塞，而棉花球也可能遗留在耳道内。

6 洗头或沐浴时，可用棉花球塞住耳朵，防止污水流入耳道。

【七】如何防止耳洞发炎

穿耳洞戴耳环在女性中十分普遍，可是遇到耳洞发炎，应该如何应对呢？

症状表现：穿耳洞不久，换上漂亮的金属耳饰，耳洞周围开始发红，稍稍一碰就会流血，而且压着伤口还会很痛。

专家提示

这种情况属于发炎，要特别注意清洁，经常用酒精棉球擦擦耳洞。或是金属耳饰对局部有刺激，可以换一副纯金或纯银耳饰试试，如果仍不能恢复，最好先放弃戴耳饰，等局部伤口彻底长好后再说。

❶ 耳洞发炎的五个关键词

关键词一：时间

穿耳洞最好的时间是在每年的3月和9月，这时温度适中，有利于伤口的愈合。另外，最好一个月以后再更换耳饰，太早更换耳饰伤口不容易长好，而且易导致发炎。在伤口没愈合前，一般耳针都很难穿进洞，更容易戳到伤口，结果造成旧伤还没恢复新伤又出现了。其实耳洞要真正长好需要一年时间，这期间也会流水，有瘙痒的感觉，因此这期间一定要坚持勤消毒。

关键词二：肤质

敏感肤质穿耳洞一定要小心。科学研究发现，耳朵部位的皮肤是最能检测一个人真正肤质的，如果发炎严重，一定要及时去医院解决。

给皮肤过敏女性的建议：若是患处的肿胀、流血或疼痛异常严重，或是持续达两个星期，请立刻看医就诊，你可能需要抗生素。此外，为了避免感染上血液性的传染疾病，在你穿孔打洞时，要找信誉良好的店家，且必须使用一次性针头，所有器具在使用前都必须先消毒。

关键词三：药品

穿了耳洞后，应保持每日2～3次的频率以浓度为75%的酒精涂抹局部，至少持续1周。氯霉素眼药水的有效成分含量低，不适用；金霉素药膏则太黏稠更易吸附脏东西也不适合。若仍发炎且严重者要及时就医。

关键词四：耳饰

穿完耳洞三天后，最好换上细针的纯金或纯银的圈状耳饰，有利于耳洞前后的透气。若用的是耳钉，耳针和针托不要扣得太紧，最好留有一定的空隙，否则容易因不透气引起肿胀。注意刚穿耳洞时每两天要用消毒药水清洗耳饰，坚持至少一个半月。

关键词五：工具

目前市面上的穿耳洞工具基本有四种：

耳环枪 目前市面上使用最广泛的穿耳工具，通常会出现在一些卖耳环的私人店铺和小档口上。由于这些耳环枪用的是瞬间冲力，一般不会有太明显的痛楚，但开枪时会发出“啪”的声音。

优　点 简单快捷。

缺　点 发出响声比较突然，而且有可能沾有别人的少量血液，消毒不彻底有传染疾病的危险。

粗针 这是最原始的方法，一般是先将耳垂部位反复揉搓，使之有些许发热麻木的感觉，再以人手猛地将粗针扎在要穿洞的位置。

优　点 工具简便，甚至有的人用大头针就可以完成，工序简洁，在耳廓等部位常因不方便使用耳环枪而用粗针人手直接操作。

缺　点 一般欠缺必要的消毒，容易造成细菌感染。另外，若操作人不熟练，可能因滑针或没对准而造成另外的伤口或扎错位。

电子　通过高频电产生热穿透作用，让组织炭化或汽化形成孔洞。

优　点 用电子针针头直接烧灼，部位精确。

缺　点 除了医院，一些美容院也可能使用，要注意消毒步骤完善与否。

激光　穿耳洞常用的是聚焦二氧化碳激光，这是一种具热穿透性效果的激光，由于机器价格高，一般只有医院才可能有这种机器。一些街边私人打出的“激光穿耳”招牌一般不可信。

优　点 设备先进，不易发生感染。

缺　点 损伤是四种工具中最大的，其热损伤会波及周围组织，易造成比目标范围稍大的破坏；要熟练的人才能精确定位。

▼ 链　接 interlinkage

穿耳洞后的注意事项

刚刚穿完的耳洞，医学上称为“贯通伤”，需要精心护理，下面是一些平时需要注意的要点：

☐ 穿完耳洞后，洗脸、睡觉时都要避免挤压耳朵，并保持耳洞干燥通风。

☐ 保持每日旋转耳针，避免耳针与皮肤粘连，促进伤口愈合。

☐ 坚持每日涂医用酒精消毒，这一点对刚穿完耳洞的人非常非常重要。

☐ 耳针和针托不要扣得太紧，否则容易引起肿胀，最好留有一定的空隙。

☐ 疤痕体质和血小板含量低的人不要穿耳洞，否则易引起疤痕或不易止血的情况。另外，为了减少感染机会，月经期间不宜打耳洞。

【八】搓揉耳朵，给美丽加分

在小小的耳朵上，聚集有120多个穴道。中医认为肾开窍于耳，耳是肾的外部表现，“耳坚者肾坚，耳薄不坚者肾脆”，耳廓较长，耳垂组织丰满，在一定程度上是肾气盛健的一种征象。更不可思议的是，耳朵上的穴道还与全身的经络相连，和五脏六腑的健康有着密切的关系。无论是想要改善气色、克服肌肤问题，还是想预防衰老，耳部按摩都是最自然有效又省钱省时的美丽秘方，让你成为晶莹剔透、表里如一的全方位美人。想要开启你的美丽人生吗？现在就和我们一起将美丽从耳朵“按”出来！

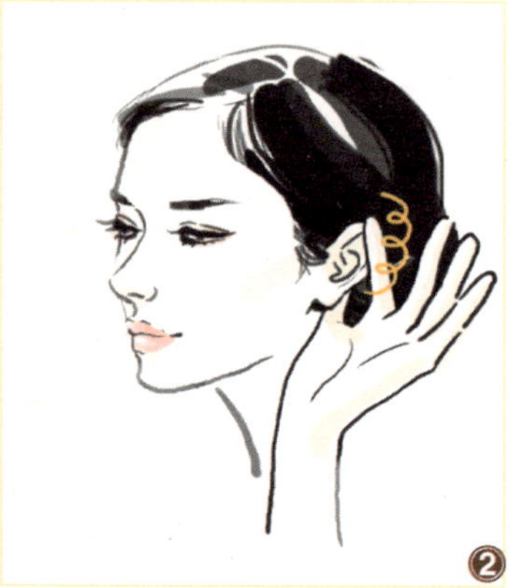

第❶式

双手食指指端在两耳甲腔内（耳屏内的大凹陷处）沿顺时针方向按摩16次，再同样按摩两耳耳尖下的突出部分各16次。

以双食指指端在两耳三角窝（耳屏内较小凹陷处）沿逆时针方向按摩16次，再同样按摩两耳耳尖下的突出部分各16次。

此式有温补气血、脏腑及健身的效果。

第②式

以食指桡侧和拇指罗纹面分别置于耳轮上部的前、后侧，沿耳轮由上而下揉捏8次，再由下而上揉捏8次。

此式有防治耳壳冻疮、增强听力的功效。

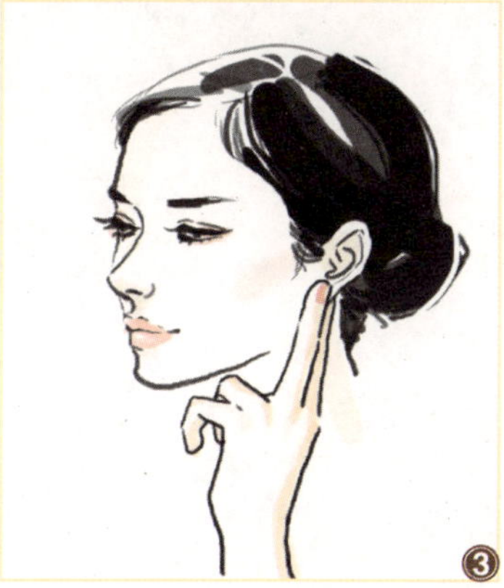
③

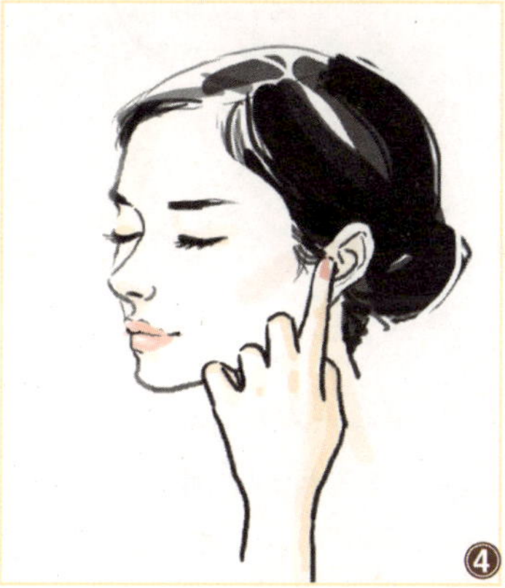
④

第③式

以两手的中指和食指分别置于两耳根之前、后侧上下来回擦耳根16次。

此式有聪耳、消除面部皱纹、美容等作用。

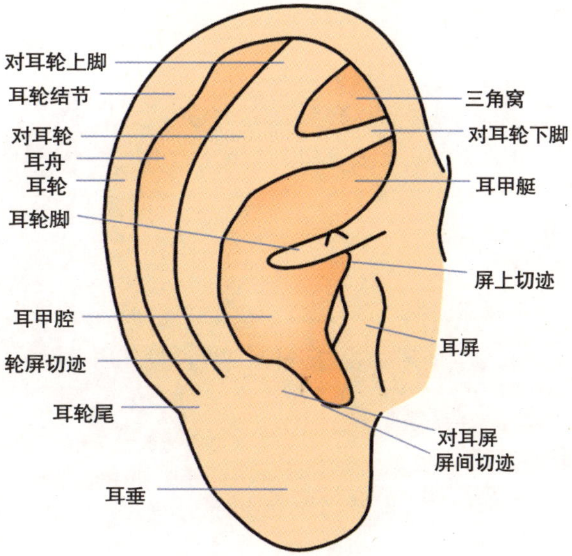

第④式

闭紧两眼，以两食指罗纹面按双耳屏，盖紧5秒钟后，突然松开双食指，重复3次。

此式有增进听力、防治耳鸣之效。

第⑤式

两手紧盖双耳，双中指同置于枕部，双食指骑于双中指上，再以双食指同时滑下，有节奏地弹敲枕部16次。然后，置于枕印的手指不动，两手掌快速而有节奏地一松一盖两耳，操作16次。

此式可益脑清神，消除疲劳，有增强记忆力和听力、防治耳鸣和耳聋的作用。

第⑥式

闭紧嘴，以两食指置于双外耳道口内，轻轻转动两食指3次，边转边紧闭双外耳道。3～5秒钟后，突然松开两食指，重复3次。

此式有防治耳鸣、耳聋，增进听力的功效。

第⑦式

两手掌轻贴于两耳上，沿顺时针、逆时针方向，缓缓摩揉两耳壳各16次。

此式有助听防聋、促进面部血液循环的作用。

第⑧式

以两食指桡侧及拇指罗纹面，分别捏住两耳轮中部、上部及耳垂部，向外、向上、向下提拉耳朵各16次。

此式有健身、消皱、保颜的作用，对受惊吓有镇静疗效。

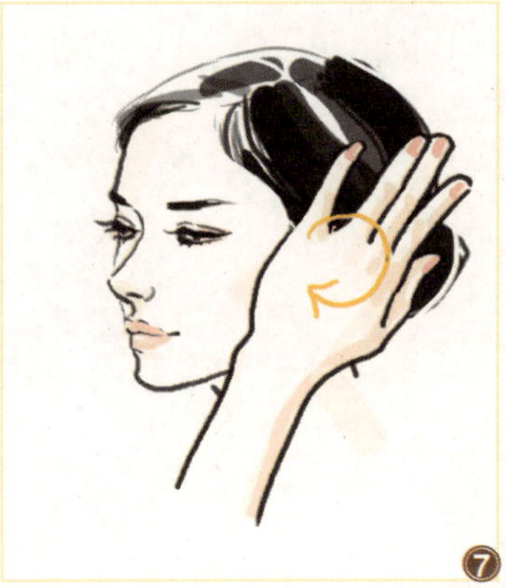

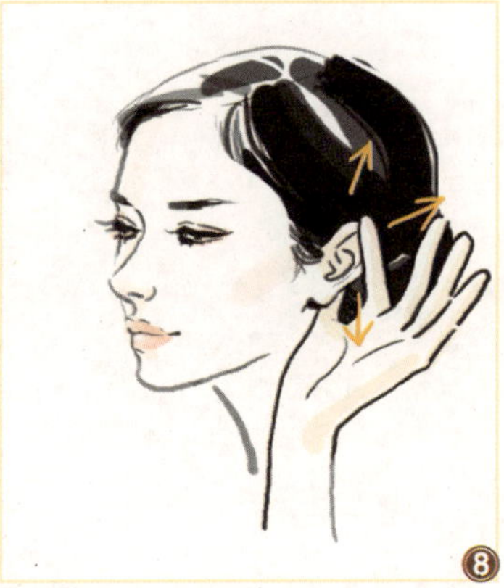

▼链 接 interlinkage

耳部按摩的益处

以上8种耳部按摩手法，基本可将耳部各处都按摩到了，按摩的程度一定要有发热、发烫的感觉，这样就明显地促进了耳部的血液循环，这种治疗的信息会通过体内的传导经络、传导到相应的脏腑，改善相应脏腑的功能。而且，每天坚持10分钟的耳部按摩，面部明显会有发热发烫的感觉，当面部的血液循环明显增加后，自然带给面部肌肤充足的养分，同时也增强了代谢产物的排出。所以，坚持经常性的耳部按摩，面部肌肤便会富有光泽和弹性了。

PART 8

发之美

头发是人体天然的装饰品，头发带给女人的，不仅仅是美丽，更是一种生命的象征。健康的发质、优雅的色泽、得体的造型……每一个细节都是魅力女人不可忽视的。

【一】美发标准

① 密度美

头发的密度与头发的多寡及粗细密切相关。在中国传统的审美观里，头发的疏密亦是衡量女子美貌的标准之一，浓密的头发是女子追求的目标。现代女性的发型式样有了全新的变化，发髻不再是主要的发型，故而女性对头发密度的要求不再像古代妇女那般极端。

因为过于浓密的头发既不易于加工造型，也不易于保养护理，所以，密度适中的头发成为现代女性理想的发质，这就要求头发的数量和粗细都要适中，适宜于加工造型和保养护理。

② 长度美

头发自然生长的长度与诸多因素密切相关。中国传统的审美观以长发为美。我国古人对妇女的长发情有独钟。而女人的长发对男人具有非常的吸引力，也是科学家们所确认的不争事实。

现代女性追求时尚和个性的展现，短发和中发的潮流此起彼伏，长发不再是时尚女性的唯一选择。然而，抛却时尚和张扬自我个性的外衣，一头秀美的长发对于女人而言仍然是最具魅力和诱惑力的装饰品。

③ 质地美

判断发质的好坏，一般有两种标准：一是指头发的粗细、软硬及弹性好坏；二是指头发的油性程度。

头发的油性程度是由皮脂腺分泌油脂的多少决定的，根据头发的油性程度，可以将头发分为中性发质、油性发质和干性发质。

中性发质　头发有直有弯，状态良好。头发的湿度平衡，具有健康的外观。发质柔顺、健康，充满光泽，不

油腻亦不干燥，软硬适度。适合于各种发型，是最理想的发质。

油性发质 头发下垂，蓬松度差，非常不易梳理，也不易做发型，常带有静电。

干性发质 卷曲而质硬，缺乏水分。外观干枯，容易打结，梳理或清洗时不能顺畅，发端常有磨损现象。造成这种发质的原因可能是头发纤维中没有存储足够的水分，或是皮脂腺分泌的油脂太少。

发质不佳的因素有很多，如精神因素、健康因素、神经调节障碍或营养代谢等。注意饮食健康，多吃美发食物，便是秀发如诗的秘密。

④ 发色美

头发的颜色对于女人而言是很重要的。如果秀发的发色不健康，发质粗糙，发量稀少，就会直接影响容貌的美丽。

专家提示

在人体所有的毛发中，头发自然生长所能达到的最大长度值与头发的生长周期长有关。头发的长度与人种特征也有关，一般黄种人的直发最长，其长度往往可以超过1米，黑种人的羊毛状发最短，白种人的波发和卷发则介于两者之间。头发的长度还与性别有关，在同一人种中，女性的头发较男性为长。

头发的弹性是指头发可伸展和收缩的能力。所有的头发都有一定的弹性，只是弹性的好坏有不同，这是头发可以任意弯曲的基础。头发的弹性好，烫发后的波纹可以保持更久，头发不易松散；头发弹性不好，则表现为松弛，或海绵质，且容易缠结。一般正常的头发可伸展为其原长度的20%，且松开后仍可弹回。湿头发的伸展度则为其长度的40%~50%。

中国传统的审美观以乌黑的头发为美，我国古代妇女对头发的乌黑程度甚为执著，那是与浓密与修长相并列的衡量头发美的重要标准。现代女性以时尚为目标，不再执著于自己的本原发色，染发作为一种新兴的美发项目，悄然兴起，并渐渐引领出一股新的时尚美发潮流。许多时尚女性已不再保留她们的自然发色，纯粹、自然的色调在很多女性眼中已不再是理想的色调。时尚女性通过为秀发增添绚丽的色彩，可以重现生命的激情与活力，可以以不一样的形象演绎不一样的心情，展现丰富多彩的自我。

【二】发型与脸型的对号入座

❶ 适合长形脸的发型

长形脸端庄凝重，虽有一种古典感，但略显老成。可以用优雅可爱的发型来缓解由于脸长而造成的严肃感。发型设计上，顶部应呈扁平状，前发宜下垂而略厚，使得脸部轮廓稍显圆润。同时，增加两侧的发容量，以弥补脸颊欠丰满的缺点。对于长脸型的女性而言，卷曲波浪式的发型，能够增加优雅的情调。

长形脸的人应该尽量避免过长或过短的发型，而且最好剪刘海。长脸的人最合适自然派的刘海。但是如果发缝分得很深很清晰，会使脸看上去很长，所以模糊的发缝是最佳的选择。增加侧发的发量，缓和纵长的脸部轮廓。为了掩盖长脸，刘海要尽量留得长一些。分刘海的时候不要太靠后，长刘海能够遮住长脸的缺陷。刘海卷曲度大一些也能够使脸轮廓显得稍短一些。

短发　适合短发，显得清爽。侧边头发自然往两旁吹，创造横的感觉。

中长发　宜中分。也适合烫卷发，或是在发尾烫卷发，不过最好能搭配比较女人味的整体造型。

不适合的发型

1. 直而齐长的头发，显得脸更长。
2. 太高或者太低的层次。
3. 露出方正的额头。

❷ 适合圆形脸的发型

圆形脸五官集中，下颌短，双颊饱满。可以增加发顶的高度，使脸型稍显拉长。避免面颊两侧的头发隆起，宜侧分头缝，梳理垂直向下的发型。直发的纵向线条可以在视觉上减弱圆脸的宽度，是适合圆脸型女性的发型。

短刘海会使圆脸更加突出，所以圆脸的人应该尽量把刘海留得长一点，这样可以起到遮盖的作用。尽量强调纵长效果，遮盖圆脸的不足。不要让头发完全遮住额部肌肤，若隐若现的额部肌肤能够形成脸部纵长的错觉。从头顶深处开始的发缝，有拉长脸部轮廓的效果，所以，非常适合圆脸型。但是，斜分的刘海如果过度卷曲，就会使圆脸显得突出，这一点要特别注意。

短发　层次分明的刘海有瘦脸的效果，但千万别故意使两侧蓬松。

中长发　要提升发尾的蓬松感，把后面的头发稍微向耳下方削去，蓬度在耳朵以下，就有蛋形脸的感觉。若能加上一些色颜自然的挑染，会使整个发型更加有层次和动感。

长发　前额要显得清爽简单，侧分也较有益于脸部线条。

不适合的发型

1 发线中分的发型。

2 头发紧贴脸部，这样会使脸型看起来更圆。

3 小波浪、爆炸头、螺丝卷等蓬松的发型，容易使脸型显得更圆。

③ 适合方形脸的发型

方形脸的轮廓线较为平直，前额、下颌呈方正状。可以用大波纹状的长卷发转移人们对方形脸脸部垂直线条的印象。

前额不宜留齐整的刘海，可以

用不对称的刘海破掉宽直的前额边缘线，又可增加纵长感。两耳边的头发不要有太大的变化，避免留齐至腮帮的直短发。

短发 剪出层次，最好还能有弯度和波浪，一边自然垂下，一边勾耳后，看起来较柔和。

中长发和长发 采用时下流行的热烫，得到的波浪较果可以修饰和平衡方形脸的线条。

不适合的发型

1 过分刚硬或直线的发型，会显得脸更加方正，若是齐下巴的长度，则会让下巴看起来更方。

2 过蓬的直长发会让方形脸看起来迟钝不灵敏。

④ 适合菱形脸的发型

菱形脸上半部分呈正三角形状，下半部分呈倒三角形状。可以将额上部的头发拉宽，额下部的头发逐渐收缩，靠近颧骨处则以遮盖凸出作为设计发型的重点。菱形脸的人比较适合短发、中长发。

短发 可以选择侧分，然后把两侧发尾打出层次，稍微露出耳朵，很有个性美。

中长发 分线比例一样，发梢可微微外翻，最好能有飘的感觉；前额的头发稍稍剪短，让它重点式地垂下，呈现自然、轻柔的感觉。

不适合的发型

1 和颧骨相齐的发型，比如说刘海的长度或发量集中在此，都会让脸型显得更加菱形。

2 利用头发遮盖凸出的颧骨反会使脸型欲盖弥彰。

⑤ 适合三角形脸的发型

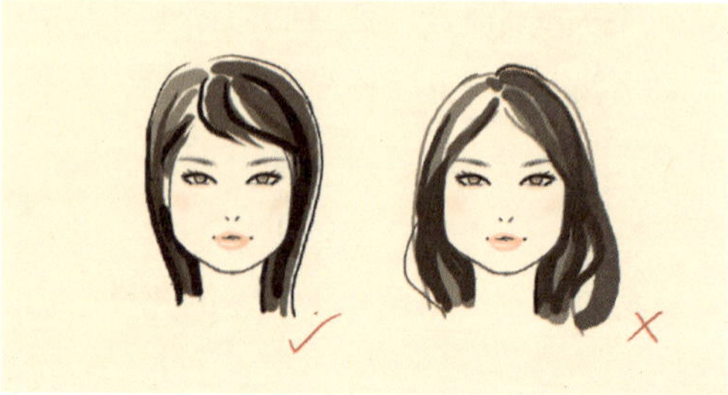

三角形脸前额窄，脸庞丰满，这种脸型容易给人以权威感，所以在发型处理上，我们可以将耳朵以上的发丝蓬松起来，增加额部的宽度，从而使两腮的宽度相应地减弱。同时，也可以让明朗的线条和多彩挑染把五官变得更加柔和。

短发 用刮的方式，剪出整头的层次，去除头发的重量感，然后显出头部侧边的发梢线条，再利用刘海给整个发型加分。

中长发 要做出柔软的线条，可采用侧分，额头两侧采取斜而狭长的流线，使额头部加宽，但两侧头发要避免太蓬。

长发 三角型也可利用长发加强女人味，但是发线最好采用三七分，这样可以使头部宽度加宽，缩小下巴的宽度。

不适合的发型

1. 无论长发、短发，发线从中间分开的发型都不适合三角形脸的人。
2. 发量集中在耳后的发型，会使原本丰满的双颊显得更为丰满。

⑥ 适合倒三角形脸的发型

倒三角形脸的额头较宽，下颌窄小，也有人称之为心形脸。可以选择侧分头缝的不对称发式，露出饱满的前额；或者可以依靠额前头发，遮住额角两端使得轮廓上部紧缩。

短发 短的卷发可显得整个脸型俏丽，表现年轻的活力。心形脸的短发，耳朵后方最好有一定的蓬松发量，而且长度最好在耳朵下面一点。

中长发 选择有刘海并且整体显圆的中长发型，适合心形脸楚楚可怜并且羸弱的感觉。

长发 发线中分，且发尾向内弯曲的长发发型，会使心形脸看上去更像标准的鹅蛋脸。

不适合的发型

1 如果留长发的话，不适合头顶扁平、两边蓬松的样式，这样会让下巴看上去更瘦。

2 头顶发量过多，会使整个头显得上重下轻。

【三】发型与体型的对号入座

发型与体型有着密切的关系，发型处理得好，对体型能起到扬长避短的作用，反之就会夸大形体缺点，破坏人的整体美。具体说各种体型、发型的搭配原则为：

① 高瘦型女性适合的发型

高瘦体型的女性往往容易给人头部比较小的感觉。要想通过发型来协调这一不足，就要求发型要生动饱满，避免将头发梳得紧贴头皮，或将头发搞得过分蓬松，造成头重脚轻。

适合的发型

1 适宜于留长发、直发。比较具有层次感的长发，可丰富脸部曲线，稍长的刘海不仅使脸显得小巧，更增添了些许女人味。

2 头发长至下巴与锁骨之间较理想，且要使头发显得厚实、有分量。应避免将头发削剪得太短薄，或高盘于头顶上。

3 在发梢处做出一些自然发卷，能够让整体身材显得更为生动。

❷ 矮小型女性适合的发型

个子矮小的女性给人一种小巧玲珑的感觉，在发型选择上要与此特点相适应。发型应以秀气、精致为主，避免粗犷、蓬松，否则会使头部与整个形体的比例失调，给人产生大头小身体的感觉。

适合的发型

1 短发或中长发的发型体现出轻快感，能保证整体的轻盈。个子矮小的人不适宜留长发，因为长发会使头显得大，破坏人体比例的协调。

2 飞扬的发梢和分明的层次感，能有效避免头部的过于厚重，所以烫发时应将花式做得小巧、精致一些。

3 时尚类的盘发或是扎马尾方法，也有增高身材的效果。

❸ 高大型女性适合的发型

高大体型给人一种比较壮的感觉，但这种身材对女性来说，缺少苗条、纤细的美感。为适当减弱这种高大感，发式上应以大方、简洁为好。一般以直发为好，或者是大波浪卷发。头发不要太蓬松。总的原则是简洁、明快，线条流畅。

适合的发型

1 采用三七分的发线，可以增加头发的动感，达到保持小脸的魅力效果。

2 高壮体型的人应该把头型处理得能够增加整体的平衡感，所以比较大而丰富

的发卷更能表现出这种平衡感。

3 顶发的质量感与发梢的动感能够令高大女性头颈部的不协调感得到改善。

④ 短胖型女性适合的发型

短胖者显得健康，要利用这一点造成一种有生气的健康美，譬如选择运动式发型。此外应考虑弥补缺陷。短胖者一般脖子显短，因此不要留披肩长发，尽可能让头发向高度发展，显露脖子以增加身体的高度感。头发应避免过于蓬松或过宽。

适合的发型

1 遮住额头的发型是首选，这种发型可以减少脸部的暴露程度，如果再将发梢稍稍烫出动感，将视线从脸部轮廓引开，就可以起到塑脸效果了。

2 发梢稍稍向外的自然卷翘能够带来更多空气流动的舒适感，可以缓解身体的短胖感觉。

【四】发型与发质的协调

认清自己的发质特征，配以一个合适的发型，显示出来的是独一无二的魅力，再配上良好的护发方法，有助于塑造一个更加完美的形象。但每个人的发质及头发不同时期的发质都是不一样的，这些差异正是发型选择的关键所在。

① 健康秀发

发质状态 有活力，易于美发，在还未干透的情况下也容易梳理，并富有弹性、光泽、柔软，握在手里有柔滑之感，手感很像是小女孩的头发。头发的毛鳞片光滑、无缺损。

适用发型 这种头发粗细适中，一般来说可做各种款式的发型，烫发也毫无问题。

② 油性发质

发质状态 每日洗发却总是感觉头发油腻不干净；发根部油脂较多，顶发易贴头皮；油脂分泌过多，令梳成蓬松的发型不易保持，易恢复原状。其主要原因是头皮中的油脂分泌过多，导致液化并快速散发到头发上。

适用发型 烫染后不需反复定型的简单发型都适用，这样便于每隔1～2天洗一次头。需要专用烫染发用品，专用护发用品有吸附作用，能减缓油脂的散发。

③ 干性硬发

发质状态 常见色泽为深色或红色，头发的角蛋白质纤维非常有力，不易定型，极易恢复原来的头发走向。由于头皮油脂分泌少，头发缺少光泽，容易被吹乱。

适用发型 最好是考虑短发的造型，甚至是超短发造型。发质硬，发丝当然就不会服帖听话，有些还会自然地竖起来，所以，与其勉强地留长，一点儿都不美丽，还不如干脆把它剪短，这样即使头发不服帖也不用太在意，整理起来一点儿都不会麻烦。如果起床后头发会乱翘，用家里的热毛巾敷一下就可以改善。

如果要留长发，在选择发型时，最好能选择使头发能略带波浪、稍显蓬松的发型。在卷发时最好能用大号发卷，看起来比较自然。由于这种头发很容易修剪得整齐，所以设计发型时最好以简洁为主，同时尽量避免复杂的花样，才能做出比较简单而且高雅大方的发型来。

④ 蓬松细发

发质状态 缺少力度，头发稀薄，其原因是头发数量太少，不够粗，纤维弹性不足，因而软弱无力。湿发很容易蓬乱，不方便打理。优点是容易梳成发型，不足之处是发型难以维持。

适用发型 柔软的发质其实很好造型，各种款式的发型基本上都适用，但是如果想留一个个性的短发，最好先整烫过，否则可能会有整头头发贴着头皮的感觉。优先考虑选用蓬松、丰满的发型。

⑤ 劣性头发

发质状态 表面毛糙，毛鳞片开裂，形成微孔。长头发由于头发生长时间较长，在靠近发梢三分之一部分会出现头发疲劳而开叉的现象。不论怎样造型，潮湿的天气里头发还是会紧贴头皮。

适用发型 首先应该理发，实在不行也可以分段修剪，剪去有微孔的头发，因为有微孔的头发无法保持发型，会给人留下未护理过的感觉。

⑥ 自然卷发

发质状态 头发天生具有波浪似的卷曲或各种小型卷曲，并具有力度，几乎从来不会变。这种情况常常出现在干性头发和蓬乱的头发上。

适用发型 这种发质只要利用好卷发的自然属性，就能做出各种漂亮的发型。这种发质如果将头发剪短，卷曲度不太明显，而留长发则会显示出其自然的卷曲美。自然卷的人其实并太适合太短的发型，因为头发剪短后更容易散开，非常不好整理，看起来会很凌乱，而且一旦短发长长时，下面的短发会将上层的头发撑开，显得更加蓬乱。由于剪太短时会有太蓬的问题，所以要避免太高的层次，剪层次或削发时，只要削剪发梢部分就好。

当然，也可以尝试用电烫卷发器或是直板夹，将头发夹直或做成大波浪。

⑦ 烫后（受损）头发

发质状态 干涩、枯黄的质感，就算是用吹风机定型，头发也无立体感，无法呈现出烫发后应有的波浪形或卷曲形，头发状况大多数为干性。

适用发型 各种卷发，无论是自然晾干的卷发还是用电吹风或卷发筒等做成的卷发以及波浪发型均适用。通常这种发质缺乏时尚感，可以辅之以一些梳理方法，效果就会有所不同。比如，梳在头顶上，适合正式场合；梳在脑后，是家居式；而梳在后颈上时，则会显得高贵典雅。

【五】发型与发量的协调

拥有一头浓密靓丽的秀发是每一位爱美女性的愿望，但有许多女性的头发不那么尽如人意，下面介绍两种利用发型掩盖发量缺陷的方法。

❶ 掩盖头发稀少的发型

发量少时要表现出丰盈之美实属不易，如果采用长直发型，缺陷将暴露无遗。较好的方法是采用中短发型，在发根用中型发卷进行烫发，烫发时间不宜过长，使头发形成较大的弯曲，使发根微微直立。做造型时，着重对发根进行加热，使发尾有轻柔动荡之感，能够产生头发浓密、自然飘逸的视觉效果。

❷ 改变发量过多的发型

粗硬浓密的头发，如果剪得过短，就会竖起，所以头发粗硬的人不宜梳短发。这样的发质留中长度头发比较适宜。从正面到侧面做多层次修剪，使发尾飘动，能给人以轻松感。

【六】发色与个人气质的协调

整个染发过程中，最重要的并不是上色过程，而是选择合适的颜色。颜色选择正确，你就已经成功了一半。如何找出最适合自己的发色呢?

1 照照镜子，看看自己的肤色是属于暖色调还是冷色调。

2 如果一下子看不出来也不要紧，试试下面这个方法：

找一张白纸，对着镜子把它放在你的脸颊旁边。如果和白纸对比皮肤呈粉色，那么你拥有冷色系皮肤；如果呈黄色或橄榄色，你则属于暖色系皮肤。

3 冷色系皮肤应尽量避免暖调的发色，因为它们会让粉色更加突出。柔和、淡雅的色彩是冷色系皮肤不错的选择，如灰色、浅褐色还有香槟色。

相反，拥有偏黄色皮肤的女性最好尝试一下与自己肤色较接近的发色，因为这些颜色可以弱化发黄的肤色。

另外，在染发的选择过程中，除了要考虑到自己的肤色，还应该考虑自己的性格以及职业，这样，就更能染出令自己发挥优势的发色，为你的形象和事业添色。

① 胆汁质型

这种气质的人属于战斗类型，往往精力旺盛，反应敏捷，乐观大方，但性急、暴躁而缺少耐性，热情忽高忽低。这种人多从事刺激性大而富于挑战的工作，如导游、节目主持人、化妆品推销员、演员、模特等。

染发建议

如果你是这种类型的人，可以尝试红色、葡萄红、亚麻绿、深巧克力等颜色，或更加鲜艳的，如蓝色等，它们会使你看上去朝气蓬勃。挑染也是不错的选择，柔和的色调和有冲击力的颜色的混搭，充满和谐的矛盾，可以助你完成表现时尚的心愿。同时，你还得时时留意最时尚和最流行的发色，不要离潮流太远。

② 多血质型

多血质型又称活泼型，属于敏捷好动的类型。这种类型的人适应能力强，善于交际，在新的环境中应付自如，反应迅速而灵活；办事效率高，但注意力不稳定，兴趣容易转移。多血质型的人从事的职业较广泛，如新闻工作、外事工作、服务、咨询等。多血质型的人不适合做细致单调、环境过于安静的工作。

染发建议

这种类型的人可以尝试亚麻色、金铜色、黄色、紫色等色彩进行重叠染发，把颜色藏在头发内层，在参加派对的时候只要用一个特殊的夹子重新对秀发做些打理，就可以立刻呈现出与平时截然不同的面貌。选择从发丝的中部到发梢加入亮色，发根保持原本的暗色，就不会显得浮躁，这是多血质职业女性的首选染发方法。

③ 黏液质型

黏液质型又称安静型，属于缄默而沉静的类型。这种类型的人踏实、稳重，兴趣持久专注，善于忍耐，但黏液质的人有些惰性，不够灵活，而且不善于转移注意力。这种类型的人适合做管理人员、办公室文员、会计、出纳、播音员等。黏液质型的人很少从事富于变化和挑战性大的工作。

染发建议

暖色系较之于冷色系，更彰显女人味，黏液质型的人可以尝试有金属光泽的橙色系，既成熟又时尚。在染发的时候，用金属色和橙色反复涂染，就能长时间保持色泽，不会轻易褪色。

如果年纪在30岁以上，可以尝试这几年都很走红的带有金属质感的铜红色，这种颜色与亚洲人的发色很相近，哪怕皮肤偏黄或是偏黑，铜红色都是不错的选择。

④ 抑郁质型

抑郁质型又称易抑制型，属于呆板而羞涩的类型。这种类型的人感情细腻，做事小心谨慎，善于察觉到别人观察不到的微小细节。但抑郁质型的人适应能力较差，易于疲劳，行动迟缓、羞涩、孤僻且显得不大合群。这种类型的人一般适合做保管员、化验员、排版员、保育员、研究人员等。抑郁质型的人很少从事需与各色人物打交道、变化多端、大量消耗体力和脑力的工作。

染发建议

纯粹的棕色单色染发，低调中又不失独树一帜的气质，不向黄色或红色偏色。若能配合精心修剪出来的轻盈发型，可衬托头发自然光泽的深沉发色，不断提升你含蓄而典雅的气质。

点缀自然棕色，可与亚洲女性原有的亚麻色头发和谐统一，并可轻而易举地制造出自然的层次感。

链 接 interlinkage

关于染发的贴心提示

□ 女性在生理期、怀孕期时最好不要染发。肾脏病、血液病患者也要特别注意，不要让染发剂接触到皮肤，一旦出现头皮发胀、脸部潮红的情况，要马上把染发剂洗干净。

□ 不少人在选择染发颜色的时候只是一味地追求现在流行的颜色，而不是根据自己的肤色或发质来选择颜色。其实染发的颜色会由于不同的肤色有很大的差异，一般来说，皮肤白皙人的适合范围较广，深色系的染发能使你看上去沉着干练，浅色系的染发可表现你的青春活力；肤色较黄较黑的人，切记不要染浅色，无论那种黄、红多么地娇嫩，它们都会使你的脸看起来灰暗粗糙；深栗色和深酒红色是最佳选择，它们能弥补肤色的不足。

□ 染发前要先与发型师多作交流，告诉他平常使用的洗护产品，防止它们与染发剂的成分发生冲突。

□ 并非所有人都能染发。若是第一次染发或有皮肤过敏史，那么染发前务必进行皮肤测试，即先涂抹些染发剂在手腕内侧，出现红痒就证明你属于过敏体质，应立即打消染发的念头，以免患上皮炎。另外，妇女怀孕的头3个月最好不要染发，因为其中的化合物会影响胎儿的正常发育，并易诱发皮疹和呼吸道疾病。

□ 染发前不需洗头，因为头皮分泌的油分，恰恰是头发天然的保护膜。

□ 染发颜色的选择要和眼睛与眉毛的色彩相配合。

□ 各种颜色的色素颗粒直径不一，蓝色最大，紫色、红色、橙色、黄色依次减小。所以蓝紫色最不容易染上，染上后也最易发生色素流失，需要加倍小心护理。在平时的护养中，要注意减少使用加热工具，每次使用针对染后护理洗发露的同时，配合使用润发精华素。

【七】头发日常养护N点建议

❶ 不要经常使用吹风机

头发所含的水分若降低至10%以下，发丝就会变得粗糙、分叉，而经常使用吹风机吹发的后果就会如此。最好让头发自然晾干，至于经常去美容院的人，可以请美发师将吹风机拿远一点，不要贴着头皮吹，而且时间不宜过长。

❷ 每天梳发不要超过50次

梳理头发可以帮助清理附在头发上的脏物并且会刺激头皮，促进头皮的血液循环。但梳理过多，反而会伤害秀发。建议每天只需梳理30次左右就足够了，千万不要超过50次。

❸ 梳发从发根缓缓梳向发梢

正确的梳发方式是从发根缓缓梳向发梢，尤其是长头发的人。如果只梳发尾，往往会出现断发或发丝缠绕的现象。

④ 不要趁头发很湿时上发卷

正确的方法是等头发干到七八成时，再上发卷。

⑤ 洗完头发后不要用力擦干

用毛巾用力搓揉，只会使头发枯涩分叉。你应该用干毛巾将头发包起来，轻轻按压，干毛巾会自然将头发上的水分吸干。

⑥ 选择性质温和的洗发剂

许多人以为，洗发时用力越大，洗发剂的泡沫越多，头发会洗得越干净。其实这样会使头发更干涩。洗发用品的泡沫不应求多，而且用力要轻柔。

⑦ 别在头发上喷洒香水

虽然头发很容易吸收气味，但在头发上洒香水，结果是适得其反。因为香水中的酒精成分一挥发，就会将头发中的水分带走，使秀发更显干燥。

⑧ 染发与烫发不要同时进行

刚烫过头发的人最好等一两个星期再进行染发，否则会使头发的负担太重而伤害秀发。

⑨ 卷发时不要用力上紧发卷

上发卷时过于用力，很容易把头发扯断。正确的方法是，把发卷放在发尾上端，然后轻轻地卷上去，宁可松一些，也不要太紧。

⑩ 不要戴着发卷入睡

头发被卷在发卷中，承受一整夜的重量和压力，不可避免地会受到伤害，所以这一方法是不可取的。

⑪ 护发乳使用要适量

头发干燥，缺乏光泽，多抹些护发用品就可以解决，相信许多人都曾这样试过。事实上，过量的护发乳只会给头发造成负担。要抹的话，最好只抹在头发表层即可。

⑫ 选择适合自己的洗发水

使用不适合自己发质的洗发、护发用品，结果可想而知。就如同干性发质使用油性发质的专用产品，会把头发上的油脂和水分都洗掉，结果使头发更干燥。

▼ 链 接 interlinkage

健康头发吃出来

有益于增加头发营养的食品

头发所需的主要营养成分，多来源于绿色蔬菜、薯类、豆类和海藻类等。

绿色蔬菜 菠菜、韭菜、芹菜、圆辣椒、绿芦笋等，绿色蔬菜能美化皮肤，有助于黑色素的运动，使头发永葆黑色，并且，由于这些蔬菜中含有丰富的纤维质，能不断增加头发的数量。

豆类 大豆能起到增加头发的光泽、弹力和滑润等作用，防止头发分叉或断裂。

海藻类 海菜、海带、裙带菜等含有丰富的钙、钾、碘等物质，能促进脑神经细胞的新陈代谢，还可预防白发。

除此之外，甘薯、山药、香蕉、菠萝、芒果也是有利于头发生长发育的食品。

不利于头发生长的因素

糕点、快餐食品、碳酸饮料、冰激凌等，这些大都是年轻女性所喜爱的食品，如果饮食过量，都能影响头发的正常生长，容易出现卷曲或白发。吸烟过多也会影响头发的生长。

心绪不宁或住在潮冷的房间里，以及神经性的紧张不安，均会影响毛发的正常生长。长期在潮湿阴冷的房间里工作的人，由于胃肠受凉，新陈代谢不调，血液循环受阻，容易出现头发变细、头皮增多、掉发、断发等现象，特别是头顶的头发会越来越稀薄。

所以在阴冷的房间里长期工作的人，应经常穿棉衣服或厚一些的棉毛织物等，以抵御长期的阴冷条件下工作对人体的不良影响，在饮食方面也要注意，不要喝过凉的饮料或吃过凉的食物。

【八】你有稳定的发型师吗？

好的发型设计和修剪质量取决于寻找到好的发型师。所以，每个热爱时尚的人都应该拥有一个稳定的发型师。有了固定的发型师，他便能更多地熟悉和了解你，彼此培养出默契。他能根据你的喜好、脸型、肤色等不同需要，设计出适合你的发型与发色，也能够针对你个人发质的特别情况，有针对性地采取措施避免发质的老化和受损，并能阶段性地与你商谈和调整设计构思发式，使你的发型一直处于最佳状态。

如何找对发型师并和发型师建立默契呢？这需要培养你与发型师的沟通技巧。

如果你对选择发型师毫无经验，那么最好问问你身边发型比较好的朋友，请她们向你推荐好的发廊和发型师，也可以通过媒体的介绍找到一些美发名师，试着与他沟通和磨合。

初次与发型师接触，不必羞涩和胆怯，好的发型师通常会主动与你攀谈和交流。你应当把自己的主张和期望表达清楚，如头发有哪些问题，想要什么样的发型等等。如果不好表述，可以事先找一本杂志上相似的款式给发型师看，让他对你的要求一目了然。如果你还没想清楚做什么样的改变，可以询问发型师，请他用专业的眼光帮你分析和判断，选择是保持现状好还是改变形象更为适宜。最好把自己的职业、性格、爱好多与发型师沟通，以便发型师根据你的特质提出相应的建议。你也不妨留意他关于发型的见解，这有助于你了解他的专业水平。

不要忽视发型师的建议，即使你不同意他的分析，也不要固执己见。在修剪造型过程中，尽量不要过度提出新的主张，这会影响发型师的思路，给造型带来局限。造型完成之后应向发型师咨询在家正确打理的方法。如果你们沟通默契和顺利，你便有了“我的发型师”。

PART 9

肤之美

【一】美肤标准

总体上讲，符合美学标准的皮肤（尤其是面部）应该是：表皮薄，透明度好，毛孔较小；毛细血管充盈度好，血中含氧血红蛋白多，皮肤红润，表皮层黑色素含量少，色泽自然鲜明（中国女性以白里透粉者最为理想）；皮肤表面光滑而富有弹性；纹理细腻，有光泽；皮肤干净，无污垢、斑点、赘生物等瑕疵；皮肤所含水分（约为25%左右）、脂肪比例适中，皮脂分泌量适中，既不油腻，也不干燥；皮肤末梢神经感觉正常，对冷、热、痛等刺激反应灵敏但不易过敏；皮肤耐老，即随着年龄增长皮肤不衰老或衰老缓慢。

但通常情况下，人们都将色泽、滋润度、细腻度和弹性度四大重点要素作为衡量女性皮肤美的标准，这个标准不但适合于中国女性，在世界上也几乎是公认的。

色泽　皮肤色泽能反映人的健康情况和精神面貌，对中国女性来说，其皮肤色泽如何主要是看是否白皙、红润，身体健康的少女其面颊色泽往往如此，即白里透粉。

滋润度　是皮肤新陈代谢等处于最佳状态的标志之一。而代谢功能的好坏，除了与生理和年龄有关外，还和心理等因素有关。

专家提示

与白种人相比，中国女性的皮肤质感要好得多，毛孔细小使皮肤显得细嫩，粉里透红的浅色调在视觉效果上更鲜明。相比于同年龄段的欧洲女性，中国女性的皮肤皱纹要少得多，欧洲女性一般21～25岁之间皱纹出现在眼周，26～30岁时皱纹出现在双眉间，5年后皱纹出现在嘴的四周，而这些迹象在中国女性的皮肤上会晚10年才显现。

细腻度 细浅的皮沟、小而平整的皮丘、细小的汗腺孔以及毛孔，质地像精致瓷器般细腻的皮肤无论是从视觉还是从触觉的角度来讲，都给人以无限的美感。

弹性度 具有弹性的皮肤坚韧、柔嫩，富有张力，无论从视觉还是触觉上，都给人以一种充满生命活力的美感。它表明皮肤含水量及脂肪的含量适中，血液循环良好，新陈代谢旺盛。

▼ 链 接 interlinkage

影响肤色深浅的因素

人体的肤色、发色和眼色都是由黑色素决定的。当黑色素主要集中在生发层时，皮肤表现为褐色；若黑色素延伸至颗粒层时，则为深褐色。反之，如果生发层所含黑色素少而且分布分散，则皮肤颜色浅。在阳光照射下，黑色素在含铜的酪氨酸酶氧化作用下，易使肤色变黑，故皮肤颜色与阳光照射关系密切。皮肤颜色还受毛细血管密度、黄色的胡萝卜素和胆黄素、胆红素影响。需要注意的是，皮肤的颜色和表面的光滑度是联系在一起的，凡是皮肤粘连或凹凸不平处，在散光作用下肤色发青。

不同肤色的人群对于女性皮肤的评判标准是有一些差异的，基本上，每个民族都把自己民族女性的特征当成具有普遍性的标准，比如，黑种人生长在赤道附近，受日晒因素影响，为适应紫外线辐射其体内的黑色素自然增多，因此非洲美女都以黝黑透亮的深色皮肤为美。

【二】你是哪一类型的皮肤？

❶ 皮肤类型及特点

要想保护好自己的皮肤，就得先弄清楚自己的皮肤到底属于哪一种类型，然后才能根据该类型皮肤的特点有的放矢地进行护理保养。

根据皮肤皮脂分泌量和含水量的多少，可以把皮肤大致分为以下几类：

油性皮肤

特　点 皮脂分泌多，常因出油多而显得油腻，呈现出油亮的光泽；毛孔粗大，纹理粗，触手粗糙，有黑头；易发生粉刺、痤疮、酒糟鼻、脂溢皮炎，进而演变为痤疮性皮肤；对物理及化学因素如阳光、化妆品等刺激耐受性好，不易发生过敏现象，不易过早出现皱纹，衰老慢；肤色多为淡褐色、褐色，甚至红铜色。

中性皮肤

特　点 纹理组织紧密平滑，表面光滑滋润，手感细嫩；水油含量适中，不干也不油腻；毛孔中等大小，富有弹性，厚薄适中；对外界刺激不敏感，不易患皮肤病。这类皮肤通常也称为普通皮肤或标准皮肤。

干性皮肤

特　点 皮脂的分泌量少而均匀，角质层中含水量少，常在10%以下，皮肤干燥，无油腻和滋润感；毛孔细小不明显，纹理细，不够柔软光滑，缺乏应有的弹性和光泽；肤色洁白或白中透红；皮肤较脆弱，对阳光、化妆品等耐受性差，易发生接触过敏皮炎反应，常因环境变化和情绪波动而发生变化，比如夏天晒后易发红、起皮屑，冬季易发生皲裂脱皮；易过早出现皱纹、松弛，脱屑等问题。常常又因缺水和缺油的不同而分为缺水性和缺油性干性皮肤。

混合型皮肤

特　点 额头、鼻梁、下巴这一T型区皮脂分泌多，有油光，角质较厚，易发生粉刺、毛囊炎；两颊皮脂少、偏干或呈中性。80%的成年女性的皮肤属于此类型。

过敏性皮肤

特　点 皮脂含量低，含水量少；皮肤薄，毛细血管较明显；皮肤纹理细；耐受性差，容易因化妆品或风吹日晒而出现发痒、红肿、刺痛等过敏问题。该类皮肤多由干性皮肤发展而来。

❷ 怎样鉴别自己的皮肤类型

怎样简单识别自己的皮肤类型呢？这里推荐两个简单的方法。

方法一

用性质温和的洁面产品彻底清洁皮肤后，先不要涂抹任何护肤品，观察一下绷紧的感觉何时消失。

如果在20分钟内就消失，就是油性皮肤；

如果在30分钟左右消失，就是中性皮肤或混合性皮肤；

如果在40分钟以后才消失，就是干性皮肤。

方法二

想要进一步证实的话，可在临睡前将脸洗干净，不要使用任何护肤品，直到第二天早晨，取细软的纸巾，最好是吸油面纸，压拭整个脸部。

油性皮肤　纸巾上会留下大片的油迹，使纸巾呈透明状；

中性皮肤　纸巾上油迹面不大，纸巾呈微透明状；

干性皮肤　纸巾上基本不沾油迹，纸巾几乎不透明；

混合性皮肤　不同部位在纸巾上的反映情况不同，油性的部位油迹明显，干性的地方几乎无油迹。

专家提示

混合性皮肤多是从油性皮肤演变而来的，多由于护理不当及滥用化妆品等因素造成。

决定皮肤性质类型有多种因素，如种族、年龄、性别、饮食习惯、气候环境、精神状态等。皮肤性质类型反映的不只是皮肤，特别是面部皮肤的表面状态，还反映着表皮、真皮、皮下脂肪的情况，更和血液循环、汗腺分泌及神经内分泌调节有关。

【三】不同肤质的保养处方

① 干性肌肤的保养重点

清洁

应选用性质温和、亲水性高、含保湿因子的洁面产品洗脸，因其脂质和保湿因子的含量较高，使皮肤清洁后不至于流失过多的水分。而碱性强的洁面产品会使皮肤更干燥。

清洁时应注意手向斜上方打圈，并保持每个动作都起到提拉作用。切忌向下打圈，以免使已老化的肌肤更加松弛。

如果皮肤特别干燥，可以只在晚上用温水配合卸妆乳液和柔和抗敏洗面奶洗脸，早上不用任何洁面品只用温水洗即可。

注意过冷过热的水都可能刺激娇嫩的皮肤，还会使皮肤丢失宝贵的皮脂，从而导致皮肤表面脱屑。

滋润

洗面后，不要擦得太干，应趁皮肤还微微有点湿润时马上搽滋养成分高的温和抗敏润肤水，以迅速补充脂质和平衡酸碱值，再使用保湿滋润功能强的润肤产品如乳、霜、精华素等，并用指腹稍做按摩，让其慢慢地渗入皮肤，不可使劲揉搓皮肤。

眼部保养品也应尽量以滋润补水为主，可选择高效营养眼霜以有效增强结缔组织的活力。

如果皮肤非常敏感干燥，可在涂晚霜之前，抹上具高度滋养效果的活细胞精华素或玫瑰精油，它们能防止肌肤老化，抗皱纹，深层滋养皮肤，非常适合干性肤质。

面膜滋养

每周至少做一次面膜护理，选择滋润、温和、含有天然植物精华的滋养面膜。如果干燥情况特别严重，则每周应做两次滋养面膜。

专家提示

洗脸的时候，无论用什么样的洁面乳，都不要用量太多，而且好的洁面乳也不需要用那么多。

在向脸上涂抹之前，先把洁面乳在手心充分打起泡沫，因为，如果洁面乳不充分起沫的话，不但达不到清洁效果，可能还会残留在毛孔里引起青春痘。

清洗时要注意发际周围是不是残留有洁面乳，有些女性发际长痘痘，往往与清洗不干净有关。

在用水冲洗之后不可用毛巾用力擦洗，这对娇嫩的皮肤来说是很粗暴的行为，应该用湿润的毛巾在脸上轻按，这样才不会伤害到皮肤。

随着年龄的增大，皮肤的新陈代谢减慢，皮脂分泌就会随之减少或完全停止，皮肤的透明质酸产生也越来越少，而透明质酸可以锁住水分，因此，在购买保湿霜时应注意选择含有此成分的产品。此外，植物油以及芦荟、橄榄、麦胚提取物也是可以恢复皮肤的再生修复和自我保护能力的护肤成分。

防晒

干性皮肤一年四季都应注意防晒，避免因紫外线的伤害而加速皮肤老化。

饮食

干性皮肤的人在饮食中要注意多摄取一些高蛋白及富含维生素A、B、E的食物，如牛奶、猪肝、鸡蛋、鱼类、香菇及南瓜等。

② 混合性肌肤的保养重点

清洁

针对干燥部位选用保湿型的洗面乳，有助肌肤水油平衡，若用油性肌肤专用

小常识 common sense

保湿救急面膜

当因某些外界因素令肌肤特别干燥时，不妨做个保湿急救面膜，可令肌肤得到及时的水分补充。方法是：用蜂蜜、蛋黄、杏仁油加适量面粉敷面15分钟。卸完面膜后再涂上滋润性强的润肤乳或霜，可即刻缓解肌肤的干燥问题。

补水不等于保湿

补水和保湿是两个不同的概念，补水是直接补充肌肤细胞所需的水分，滋润肌肤的同时，更可改善微循环，增强肌肤滋润度；而保湿则是防止肌肤细胞中的水分散失。如果保湿系统不够健全的话补再多水还是一样缺水。因此，补水与保湿是关系十分密切的两个概念，需同步进行。

天然果蔬保湿、补水面膜推荐

草莓面膜

□ 做法：将5只草莓弄碎，加入少许鲜奶油、1汤匙蜂蜜，搅成糊状，涂于洗净的脸部，20分钟后用浸过鲜奶的脱脂棉拭净。

□ 功效：美白保湿。适用于干性皮肤。

苹果蛋黄面膜

□ 做法：将一大匙苹果泥、一大匙奶油、一只蛋黄混合后加入半匙蜂蜜，涂抹在脸上，过20~30分钟后擦去。

□ 功效：滋润保湿。适用于干性和中性皮肤。

芦荟芹菜面膜

□ 做法：将芦荟叶用水果刀切开，取出其中的芦荟胶，加上同比例的芹菜一起放入果汁机中搅拌均匀，然后用面膜纸取汁液敷在脸上10~15分钟，再用冷水冲洗干净。可以经常使用。

□ 功效：保湿抗敏、清凉镇静。适用于各类肤质。

的洗面乳，只会使干燥区域更加干燥。

洗脸时，应先从T字部位开始，最后再回到T字部位，才能彻底去除油脂，保持肌肤的清爽。出油的部位可多洗一次。还可每三天或一周用去角质膏来除去多油部位的老化角质。

润肤

用化妆水、保湿乳液加强保湿，以补足水分。干燥的部位更要着重保湿。

注意不要整脸使用一种护肤品，造成油的地方更油，干燥的地方还是干，要分区分部位使用相应的润肤品，比如脸部中间的“T”字部位需要使用清爽型产品抑制皮脂分泌，以使皮肤不泛油光；两颊、颧骨等干燥部位需要用保湿性高的产品补充水分。

定期敷脸

在敷脸的时候一定要分区做面膜，T字部位用清爽的面膜，干燥部位用保湿、营养型面膜。

③ 油性肌肤的保养重点

清洁

水根本不能清洗油性皮肤毛孔中的油脂、污垢、老化死亡的细胞、胺和盐，只有清洁类产品才可以溶解污垢并使其可以被水洗掉，如果清洁性能过强，则会破坏皮脂膜，但清洁不彻底，皮肤又会黯淡无光或容易发炎。因此，在选择清洁产品时可根据实际情况选择泡沫、凝胶、清洁霜类的产品，最重要的是用后皮肤不紧绷，清爽、舒适，适合自己的皮肤状态。

洗脸时，将洗面乳放在掌心上搓揉起泡，再轻柔用力清洗，如果为了洗掉脸上的油污而用力揉搓，反而会更加刺激皮肤，使粉刺、痘痘的情况恶化。长痘的地方，则用泡沫轻轻划圈，然后用清水反复冲洗数次才行。

洗脸后注意用爽肤水来调节酸碱度。平时，皮肤如果出油过多，可用吸油纸去除多余的油脂，但不可太勤，否则水油失衡会造成皮脂分泌更加旺盛。

润肤

根据季节及皮肤自身情况选择以补水和控油功效为主的清爽型产品。如果油

▼ 小常识 common sense

适合于混合性皮肤的自制面膜

牛油果香蕉保湿面膜

□ 材料：较熟的牛油果（较易捣烂）半个、熟香蕉半条、天竺葵精油1滴。

做法：将水果捣烂，加天竺葵精油搅拌均匀成糊状，然后敷面约15分钟，再以微温水洗脸抹干。

□ 功效：牛油果含丰富维生素E，有助皮肤抗氧化，而且牛油果是水果中油分与人体油分结构最相似的，容易被皮肤吸收，润而不腻，对混合性皮肤的干燥症状有很好的保湿作用。天竺葵精油又是适合大部分皮肤的绝佳精油，具有平衡皮脂分泌、改善毛孔阻塞、收敛毛孔、增强细胞防御等功能。

□ 建议用法：天气干燥时可以一星期做两次。

自制维E酸奶清新面膜

将400个国际单位的维E倒入空碗里，加入2汤匙酸奶、半汤匙蜂蜜和柠檬汁，调和拌匀，然后敷在脸上，15分钟后用温水冲洗掉，会立刻觉得肌肤清新舒爽。

冰牛奶治过敏

当肌肤因紫外线照射而过敏，出现红肿等症状时，可用冰牛奶来消炎、消肿、舒缓。方法是：先用冰牛奶洗脸，接着将浸过冰牛奶的化妆棉敷在过敏的部位，就能立即收到舒缓镇静的效果。当然，如果过敏很严重，痛感强烈，就应先找皮肤科医生救治。

性皮肤因角质层功能失调而导致皮肤缺水、脱皮，应及时补充能锁住水分的保湿产品。

面膜护理

对于油性皮肤来说，每周做1～2次的深层面膜护理很有必要，因为皮脂腺分泌旺盛，面膜能带走毛孔中多余的油脂和污垢，令毛孔保持畅通。

定期护理

日常的表层清洁很难彻底清除多余油脂、老化角质细胞，日积月累皮肤就会发黄、粗糙、无光泽，很容易引发痤疮。因此，油性皮肤最应该定期到美容院做深层清洁，以保持毛孔通畅。

饮食

应尽量避免巧克力、奶油、咖啡、海鲜、辛辣、烟、酒等刺激性食物，要多吃新鲜水果、蔬菜，多喝水，保持肠胃功能正常。

④ 敏感性皮肤的保养重点

这类皮肤的养护重点是确保角质层的油脂和水分。平时应注意以下几点：

清洗

因敏感性增高皮肤通常兼有干性皮肤的缺点，如皮肤完全无油脂或偏干，只需用温水清洗就行。夏天可用温和性的洁面乳或用防敏洗面奶清洗。但应注意清洗时水温不可太高，清洗时间不可太长，否则会洗掉油脂，令皮肤更加干燥。

洗面时用力要轻柔，时间宜短。清洗完后立即用棉片拍上爽肤水或调节水。严重过敏时连水和泡沫都不能接触，可用擦拭的方式洗脸，尽量减小对肌肤的刺激。

润肤

一定不能用含有酒精成分的化妆水，最好购买适合敏感皮肤用的平衡化妆水。在选择护肤霜时应注意其成分越简单越安全，不含香料、染色剂和防腐剂的植物型天然产品较安全，尽量少用或不用美白、去皱等功效性产品。

饮食

尽量避免过敏源的刺激。多食用含维生素C的食物、钙制品、乳制品、花生、麦片、鱼等，可增加皮肤的抵抗力。避免过量食用糖、蛋白质、脂肪及刺激性食物如烟、葱、姜、浓茶、咖啡、酒、油炸品等。

防晒

外出时要注意防晒，尽量不要将皮肤曝晒在污染的空气中及强烈阳光的地方。

专家提示

对于很在意脸上污垢能否清洗干净而肌肤又正过敏的人来说，可选择专门用于擦拭清洁肌肤的化妆水，以减小对肌肤的刺激。

高敏感性皮肤的抵抗力弱，保养品品种不能太多、太复杂，最好使用一个品牌，待皮肤适应后再加用其他保养品。初次使用某化妆品时应尽量少用，如不发生过敏才可逐渐增量使用。保养品不能更换得太频繁。

每一种类型的皮肤在身体抵抗力下降、压力过大、食用刺激性食物、空气干燥、日晒等因素的影响下都有可能出现轻重不同的敏感症状。其根本原因是当时皮肤的角质层太薄，皮肤无法发挥其屏障作用，过敏源一旦侵入，免疫细胞就会发出警告。

链 接 interlinkage

巧妙利用生理周期美肤

据研究，在女性生理周期的五个阶段（月经期、卵泡期、排卵期、黄体期和月经前期）中，皮肤状态会因荷尔蒙分泌量的变化而有所不同，如果我们配合这种身体自身的节律变化采取相应的保养措施，可达到理想的美容效果。

月经期 月经期内容易出现粉刺，肤色缺乏光泽，甚至出现浮肿及黑眼圈。此期间最好不要更换护肤品，少化妆，减少对皮肤的刺激。

卵泡期 此期间雌性激素分泌最旺盛，皮肤细胞新陈代谢也很旺盛，有很强的再生能力，吸收状态良好，如果加大滋养力度，使用高品质的营养品，给予肌肤更深层的滋养，可以收到很好的美容效果。除了润肤水、乳液等基础保养品外，可使用精华素配合蒸脸仪(热毛巾也可)进行热敷，加速保养品成分的吸收。油性肌肤的人，敷脸的重要性更胜于按摩。

排卵期 此期间尤其在排卵日的前后3天，是皮肤状态最稳定的时期，可进行去死皮等护理。

黄体期 此期间因新陈代谢减缓，皮肤油脂增多，对紫外线敏感，易出现粉刺、色素沉着等问题，因此，有必要进行深层清洁和防紫外线的护理。

月经前期 与黄体期相同，受月经前紧张情绪影响，易出现一系列相关肌肤问题，如皮肤变得敏感、粗糙、晦暗等。此期间应注意保湿，多补充所需营养，特别是维生素B、钙和纤维素，可促进动情激素排出，增加血液中镁的含量，调整月经和镇静神经，并适当减少水分的摄取。

【四】不同年龄段肌肤的保养处方

不同年龄段的肌肤其状态及存在的问题都不一样，20～30岁主要是水油平衡问题，30～40岁主要是补水滋润问题，40岁以后则是防衰抗皱问题，如果我们能在了解这三个年龄段肌肤特点的基础上进行有针对性的保养，就能有效地延缓衰老的到来，令我们看起来比实际年龄年轻。

① 20～30岁肌肤的保养处方

肌肤状态分析

20～30岁是人一生当中皮肤状态最佳的时期，此时皮肤细胞非常活跃，新陈代谢也很旺盛，皮肤水分充足、肤色均匀、肤质细嫩光滑且富有弹性，不易出现细纹与雀斑。如果在此年龄段中肌肤受到了紫外线的伤害，就会出现干燥缺水、斑点渐渐显现并不断加深等问题，因此提早进行防晒对皮肤一生的保养非常有利。另一方面，该年龄段也是肌肤油脂分泌最旺盛的时期，粉刺、黑头或暗疮是很多二十多岁

女性的肌肤问题，因此，在这个阶段，关键要保持肌肤的水油平衡。

保养重点

防晒和控油。

专家提示

油脂过剩通常是因肌肤水分不足而引起的，如果一味控油，反而会令皮肤更加缺水，油脂分泌更旺盛，形成恶性循环，这也是为什么很多人越是控油油越多的原因。只有将肌肤内的水分、油分调校到平衡状态，肌肤才能从根本上告别油光。

保养处方

1 每天早晚两次认真洗脸保持肌肤的清洁。肌肤特别油的人应先以深层洁面乳软化皮肤，随后再用洁面泡沫洁面。由于深层洁面乳属于专业溶解油脂产品，其PH值与健康皮肤相近，能够很好地打开毛孔，清洁油脂，而洁面泡沫不仅能清洁肌肤多余油脂，连洁面乳本身所含油脂也能一并清洁出去，双管齐下的去油效果相当好。但也不要太频繁地清洁，过度洁面容易破坏皮肤的酸碱值。

2 洁面后及时为肌肤补水。爽肤水、具有控油补水功效的清爽型乳液都能补充肌肤水分。

3 油性肌肤者日常多用补水面膜做保养，每个月至少做两次深层控油面膜，都能对油性肤质起到较好的改善作用。

4 每天外出要涂抹防晒霜，肌肤油者要用不含油分的清爽型产品。

5 化妆时尽量不使用比较厚重的粉底和粉底霜，这样会阻塞毛孔，造成毛孔粗大的皮肤问题。

② 30～40岁肌肤的保养处方

肌肤状况分析

女性30岁以后，肌肤新陈代谢减缓，胶原蛋白数量减少，皮肤光泽度、水分和弹性都会大打折扣，干燥缺水、晦暗无光、斑点等问题出现，双颊靠下巴处出现松弛现象，细纹也开始爬上眼角，年轻时肌肤所受的紫外线辐射等外在伤害也会在这个时候显现。

保养重点

补水、滋润、紧致

保养处方

1 使用具抗氧化功效的营养品以及一些具有淡化细纹功效的抗衰老、紧肤产品，如含有胶原蛋白等成分的植物型天然护肤产品，每次涂抹时连带上颈部，由下向上推抹，有效预防肌肤下垂及松弛，增强肌肤弹性和光泽，延缓衰老。

2 每星期做一次面部微粒磨砂，或使用些果酸护肤品，清除脸上的老化角质及死皮，令肌肤恢复光泽。

3 饮食上多吃含有维生素A、C、E的食品，如卷心菜、菜花、花生等，有助于抑制黑色素生成，防止黑色素沉淀，抵抗肌肤老化。

③ 40岁以后肌肤的保养处方

皮肤状况分析

女性过了40岁，荷尔蒙分泌会大幅减少，天然骨胶原流失很快，早年积聚下来的肌肤问题会在此时大肆涌现，肌肤不再紧致，笑纹、眼袋和颈纹清晰可见，一些内分泌不好的女性还会长出大片的色斑或老年斑。此外，局部油脂分泌旺盛的现象也会卷土重来，让40岁女性T字部位的毛孔变得更粗大，同时肌肤严重缺水。

导致这种状况的原因，除了身体自然老化之外，与年轻时不注意保养也大有关系，此外，以往不停更换护肤品也会令皮肤修复能力变差，角质层变薄，太薄的皮肤，即使用再好的面霜效果也不尽如人意。

保养重点

补水补油，防衰抗皱。

保养处方

1 最好采用强效补水补油产品，可选择一些含有精油成分的产品，因其渗透力

专家提示

30岁肌肤美白祛斑三原则

原则一 在一年四季当中，应用3个季度来美白祛斑，一个季度加强保湿养护，因为美白祛斑的产品通常都会使皮肤有些发干，所以最好在春、夏、秋这3个季节使用，而冬天气候干燥，可多用一些保湿的产品，就样就可以使皮肤达到一个平衡状态。

原则二 美白的同时加强防晒。因为防晒和美白是除斑最重要的两个途径，防晒能更好地隔离和阻断黑色素，美白能有针对性地抑制和分离已经生成的黑色素。

原则三 坚持每周使用一次渗透力及效果较好的美白面膜。现在比较好的美白类专用面膜产品都会搭配使用一些渗透性强的按摩霜，在敷面膜之前用按摩霜对皮肤做10～15分钟的按摩，再敷上美白面膜，会有比较好的美白效果。注意按摩前要先洗净脸，按摩时要逆皱纹的生长方向按摩。

皮肤状态受心理状态影响

从解剖和生理学上讲，在每1平方厘米的皮肤里，就有1000米长的神经纤维，人的精神状态、心理变化经过神经传递，对皮肤影响极大。比如，人在恐惧时，血管会出现痉挛，皮肤供血不良，因此会出现面色苍白、易产生皱纹等问题；而精神创伤、心情忧郁等精神压力，一方面可使植物神经失去平衡而影响皮肤的营养，使之干燥、松弛、失去光泽，另一方面还容易导致激素失调、内分泌紊乱，使皮肤过早衰老，同时还会降低皮肤的免疫力，进而引发一系列皮肤问题。多愁焦虑的人，眉间和额部的皱纹会比一般人多，而且会渐渐趋向于一种忧郁面孔。因此，随时保持乐观愉悦的心态对维持皮肤的健康很重要。

更快，效果更好，配合自我按摩可起到事半功倍的效果。

2 开始购买一些高营养强功效的抗衰老产品，如精华素、美容液等，因为它们对于老化肌肤具有针对性的修复能力，可以有效抗皱、紧致及滋润肌肤。

3 定期到美容院进行深层清洁及滋润抗皱护理。

4 注重防晒与隔离。40岁以后，一旦过度晒了太阳，肌肤恢复的可能很小，因此，防晒对于40岁以后的女性十分重要，是护肤当中的重中之重，出门务必要防晒，对着电脑工作时要涂抹隔离霜。

5 补充骨胶原，以保持肌肤柔滑。

6 营养调理不可少。因为此时仅仅依靠化妆品已经远远不够，必须配合营养摄取来滋养肌肤。

链 接 interlinkage

五大外因加速肌肤老化

吸烟 吸烟不仅消耗体内大量维生素C，香烟释放出的游离基及有害物质还会侵害细胞，加速皮肤老化。另外尼古丁更会使血管变窄，让血管运送功能变差，肌肤状况自然大受影响。

酒精 酒精会在体内遗留有毒物质，从而加速肌肤细胞的老化，因此它绝对是肌肤的大敌。

快速减肥 这种减肥方法容易令身体出现营养不良，荷尔蒙失衡，以至于肌肤状况更差，皮肤还会因突然变瘦而变得松弛。

喝水少 喝水不足的后果就是肌肤变得枯干，毒素代谢不及时，容易引起色素沉淀。

熬夜 熬夜会影响身体新陈代谢和血液循环，长期熬夜或睡眠质量不好，反映在肌肤状态上就是晦暗无光、黑眼圈、缺水干燥等问题。晚上10点至凌晨2点是皮肤修复的最佳时期，充足而高质量的睡眠所产生的美容效果是化妆品所无法取代的，它是肌肤最天然最有效的补药，因此，应养成早睡早起的良好习惯。

【五】不同肤色的修饰重点

① 黝黑皮肤的修饰重点

粉底不要打成全白，而应选择与肤色接近或略深于肤色且透明度柔和的粉底，在面部和颈部轻擦细揉，将深浅肤色统一在一个色调里，就可以呈现出自然匀净的肤色，增强脸部立体感。

专家提示

黝黑的皮肤不能靠重复涂抹粉底的厚化妆方法来增白，那会使脸面尽失皮肤质感；也不能靠浅色粉底来遮盖黑皮肤，因为那根本没有效用。

② 深色皮肤的修饰重点

宜使用不含油脂的液体粉底，切记“同类色并列起柔和作用”的色彩原理，色调应该比肤色略浅偏暖，且透明度要好。大部分深色皮肤有色斑，应用比肤色低两度的遮瑕膏进行遮盖处理。

③ 白皙皮肤的修饰重点

可选用偏冷、偏白的粉红、粉白色系基础底色。在颧、面颊及前额点上粉底，涂抹后再扑上透明的干粉。

白皙的皮肤较黑皮肤更易显出瑕点，因此应用较浅色的遮瑕膏进行处理。也可将白色修护粉底液与浅米色粉底混合，调成遮瑕膏，轻轻点在瑕疵处。如果面部的雀斑显著突出，可采取转移他人视线的方法，即重点强调眼妆，把他人的注意力吸引到明亮有神的明眸上。如果皮肤呈现出任何红色斑块，可改用有修改色调作用的修护粉底，用海绵把两者糅合。

④ 橄榄色皮肤的修饰重点

橄榄色皮肤一般看起来灰黄无光，显得没有精神，如果用带粉红色且透明度佳、光泽度好的液体粉底就可以营造出好的肤色。若再配合黑褐色或紫红色眼影、玫瑰红色唇膏，可令脸部光彩照人。

▼ 链 接 interlinkage

化妆前必备品——妆前底霜（润色隔离霜）

英文名为“Make Up Base”的妆前底霜（也称为隔离霜或润色隔离霜）同时具有防晒、调整肤色并修饰肌肤瑕疵、抗氧化、让上妆后的妆容更平滑服帖等多种功效，因此，我们最好将它“请”上梳妆台。

润色隔离霜的使用

在肤况肤质好的时候，可以直接擦上润色隔离霜来改善肤色，粉底都可以不打，就能有完美的饰肤效果。

肤况肤质不理想者要在上粉底前涂抹润色隔离霜。

如果将之与粉底调和使用，可以减轻粉底的厚重感，让妆容更透明。

如何根据不同肤色选择相应颜色的润色隔离霜?

时下，市面上的润色隔离霜因加入了化妆品的设计元素而有很多不同的颜色，不同颜色的隔离霜对皮肤的修容调色效果区别很大，我们该怎样去选择适合自己的那一款呢?

□ **紫色**

修饰效果：在色彩学中，紫色的对比色是黄色，因此紫色最具中和黄色的作用，它的作用是使皮肤呈现健康明亮、白里透红的色泽。

适合肌肤：适合于普通肤色以及稍偏黄的肌肤。

□ **绿色**

修饰效果：色彩学中，绿色的对比色是红色，可以中和面部过多的红色，使肌肤呈现亮白的完美效果。绿色还能减轻痘痕的明显程度。

适合肌肤：适合偏红肌肤和有痘痕的皮肤。

□ **白色**

修饰效果：白色专门针对皮肤黝黑、晦暗、不洁净、色素分布不均匀等情况，使用之后皮肤的透明度增加，肤色会立即看起来干净且有光泽度。

适合肌肤：适合晦暗、色素不匀的皮肤。

□ **金色**

修饰效果：如果你希望拥有健康的巧克力色皮肤，那么金色隔离霜是最好的选择。此外，金色隔离霜还可以让皮肤黑里透红，晶莹透亮，充满活力。

适合肌肤：适合肤色较黑的人，或追求麦色健康肌肤的人。

□ **蓝色**

修饰效果：蓝色不同于紫色，它可以较温和地修饰肤色，使肌肤显得更加纯净白皙，使年纪大的皮肤看起来“粉红”得自然、恰当。用在肤色较白或需要打亮的部位，可以加强肌肤的透明感。

适合肌肤：适合皮肤泛白、白得有点不健康、年纪大而皮肤缺乏血色、没有光泽度的女性使用。

□ **肤色**

肤色隔离霜不具调色功能，但具高度的滋润效果。适合皮肤红润、肤色正常的人使用，或只要求补水防燥，不要求修容的人使用。

润色隔离霜与粉底的相同与不同

相同　两者的成分不仅相似，连剂型也都采用油包水的形式，以达到保湿、持妆的效果。因此，现在的润色隔离霜与粉底之间的界线愈来愈模糊。

不同　二者的不同之处仅在于加入的色料粉末的种类及多寡。目前市面上的润色隔离霜，有些是单纯加入二氧化钛、氧化锌等白色粉末或是珠光粉末，来营造防晒、遮瑕及修饰细纹的效果，有些产品则是加入紫色、绿色、黄色等色料来营造出修容调色的效果。

【六】皮肤修饰有技巧

要利用粉底、遮瑕膏来塑造素净无瑕的肌肤，是需要一番技巧的，实际操作时很多人的粉底不是太厚就是太薄，显得不自然，遮瑕膏也没起到很好的遮瑕作用，原因就在于修饰不得法。

① 上底妆的技巧

在上底妆之前，应该正确了解自己的脸部轮廓及脸颊上的凹凸情况，这可借助手的触摸来感受。

脸上细微的部位如鼻翼两侧、眼部周围、嘴角、额头等处，都是细纹较明显的部位，上粉时关键要做到薄透，不能涂得过厚，以免造成脱妆。应以轻压的方式将粉压在这些部位。

细小部位的上粉方法也有区别，具体如下：

发际 头发与额头的交界处往往容易被忽略，应将粉底轻压于此，可以使妆容更加完美。

眼头 利用海绵自眼头向眼尾方向涂抹。

眉毛 自眉头往太阳穴的方向均匀涂抹。

眼角 用海绵上剩余的粉底轻轻压在眼角部位就可以了。

鼻头 鼻头的粉底不能过厚，否则会出现脱妆，涂抹时要从上往下进行。

鼻翼 按照从上往下的方向，将粉底推开。

嘴角 因为嘴角有很多细致的纹路，如果粉底涂得过厚、不均匀，都会让嘴唇的彩妆大打折扣。

在眼睛周围较平滑的地方需搽上高光度亮粉，因为眼尾旁的平滑部分若较明亮，就会使整个眼睛看起来特别有神采，也会清楚地衬托出眉线，而且脸的立体感也会倍增。这里所选用的透明度高的粉底最好是淡黄色或白色的，使用时只要用手指取一点粉膏，点在眼尾周围就可以了。眼尾比较浅的人，可以在下眼线处多点一些，然后用手指把粉膏轻轻拍推开。

② 遮瑕膏的涂抹技巧

将遮瑕膏点在眼周，这个部位通常会有黑眼圈。利用手指将遮瑕膏慢慢推匀，最后用海绵加以修饰。

有小痘痘或斑点的部位，可以直接用笔刷点遮瑕膏。

③ 粉底液的涂抹技巧

首先将粉底置于手掌心，以指腹揉匀，用体温来加热，以提高粉底的柔和度。如果同时使用好几种颜色也不能忽略这个步骤。

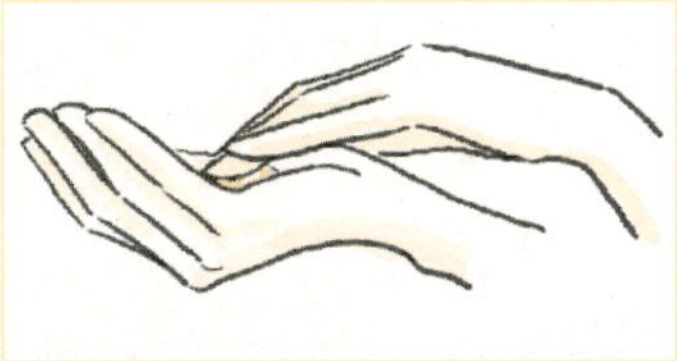

以指腹将粉底液置于双颊和额头，以放射状的方式涂抹，这样不易产生区块和色调不均匀的情况。

脸的中心位置要仔细涂抹。用指尖将粉底由双颊向脸外侧涂抹，接着再涂往脸部中心，尤其是细小的地方，要更加谨慎处理。

脸部中央由上而下轻轻涂匀，再从额头—T字部位—鼻梁—下颌顺势而下轻轻将粉底涂匀。

眼睛与鼻子周围用指腹来涂匀，眼周和鼻翼两侧很容易残留粉底液，最好使用指腹将其一一推匀。

最后以海绵加以修饰。轻轻按拭，吸收多余的粉底液和油脂，与众不同的漂亮底妆便完成了。

【七】食疗美肤新主张

肌肤的健美还与我们日常的饮食习惯及每天所吃的食物密切相关，当营养素摄取不足或对某一种摄取过多的时候，就有可能出现一些肌肤问题，比如，维生素C摄取不足皮肤就会显得晦暗无光，维生素A或E缺乏时肌肤就容易干燥老化……因此，要想皮肤变靓，就有必要注意自己的饮食习惯，多吃一些有利于健美皮肤的食物，内在调理配合外在的护理保养，才会取得双倍的美肤效果。

❶ 你的皮肤需要哪类维生素

人体所必需的七大营养素中，维生素对皮肤的美有很大的影响，但维生素往往容易因摄取不足而缺乏，很多皮肤问题都与缺乏这类营养素有关，因此，我们有必要在日常饮食中注意多补充这类营养素。

维生素的类别

维生素分脂溶性和水溶性两大类，前者包括维生素A、D、E、K，其共同点是溶于脂肪及脂溶剂，而不溶于水，在食物中与脂肪共同存在；后者包括维生素B

专家提示

维生素C缺乏易导致毛孔粗大

许多专家经过多次维生素缺乏试验和对维生素病例的观察研究发现，维生素C缺乏，皮肤的毛孔会变大，用显微镜可观察到毛孔有角一样的栓状物；毛不能伸出，卷曲在毛孔内，毛孔周围血管增大、充血，并可使粉刺更加严重，有伤口时难以愈合。所以，皮肤毛孔粗大、易长粉刺的女性尤其应该注意补充维生素C。

维生素A、C、E“联合作战”可对抗皮肤老化

皮肤的老化开始于细胞的老化和受损，自由基是导致细胞老化和受损的元凶，而维生素A、C、E“联合作战”的话可以有效对抗自由基，令健康细胞免受它的侵害，延缓人体衰老甚至预防疾病。因此，维生素A、C、E又被称为抗自由基的“三剑客”，三者相互配合，协同“作战”可以保护皮肤组织，使之保持良好的健康状态，延缓衰老。因此，在我们的日常饮食中最好做到种类丰富，以便同时摄取到这些营养素。

▼ 链接 interlinkage

对症吃水果

不同的水果其美容护肤效果是有所区别的，我们可以根据自己的皮肤状态来选择吃哪一类或几类的水果。

柠檬 深层清洁并调理分泌过旺的油脂，美白、去斑。

柑橘 含有的维生素A和微量元素硒能使肌肤保持湿润，并抗氧化。

木瓜 加速新陈代谢，去除老化角质。

葡萄 葡萄多酚具有极高的抗氧化功能，能抑制自由基，有效延缓衰老；而葡萄果核可软化肌肤，使皮肤滋润。

樱桃 含铁量是众水果之首，同时含有丰富的矿物质，能补血理气，使面色红润起来。

草莓 含多种果酸，能美白、增强皮肤弹性，使皮肤滋润。

和C，特点是溶于水而不溶于脂肪及脂溶剂，而维生素B是一个大家族，包括维生素B1、B2、B6、B12、叶酸、烟酸、胆碱、生物素、泛酸等九种。

与皮肤健康最为密切又易缺乏的维生素

维生素A 在所有维生素中，它是最容易缺乏的一类。如果缺乏，易患皮肤病，出现皮肤粗糙、干燥、角化、脱屑甚至提早老化等问题。

食物来源 牛奶、蛋黄、动物肝脏、深绿色蔬菜和红黄色水果等。

维生素B 被喻为“美容维生素”的维生素B也是人体容易缺乏的营养素，它具有造血功能。如果缺乏，容易出现癞皮病及皮肤炎，导致身体新陈代谢异常。

食物来源 酵母、胚芽、肝脏、豆类、绿叶蔬菜和奶制品等。

维生素C 维生素C是人体每日需要量最多的一种营养素，对皮肤有很好的美白和抗氧化功效。如果缺乏，容易出现过敏、皮肤晦暗无光、颜色不均、淤血等问题。

食物来源 新鲜蔬菜和水果，如芹菜、辣椒、西红柿、柑橘等。

维生素E 被称为细胞“保护天使”的维生素E可以保护细胞免受自由基的侵害，淡化色素，延缓衰老。如果缺乏，容易出现干燥、提早衰老等皮肤问题。

食物来源 小麦胚芽油、大豆、坚果类、糙米、全麦谷类等。

② 不同皮肤的食疗重点

根据自己的皮肤特性进行饮食调整对皮肤的健美大有益处，不同性质的皮肤其食疗侧重点也不一样。

油性皮肤

食疗侧重点 应尽量多食用凉性、平性食物，如冬瓜、丝瓜、白萝卜、红萝卜、竹笋、大白菜、小白菜、卷心菜、莲藕、黄花菜、西瓜、鸡肉、兔肉等。尽量不吃或少吃辛辣、性质温热、油脂多及高热量的食品，如奶油制品、咖喱粉、荔枝、花生、核桃、巧克力等。

此外，可服用祛湿清热类的中药，如白茯苓、珍珠、白菊花、麦饭石、灵芝、薏仁等。

中、干性皮肤

食疗侧重点 宜多食豆类如黑豆、黄豆、赤小豆等，以及蔬菜、水果、海藻类碱性食品。少吃鱼、贝类等酸性食品。

此外，可选用具有活血化淤及滋阴类的中药来调理，如桃花、桃仁、当归、莲花、玫瑰花、红花、枸杞子、百合等。

③ 食疗美肤粥DIY

1 百合薏米美白粥

原　料 薏苡仁30克，百合6克，水适量。

做　法 薏苡仁、百合淘洗后用温水浸泡20分钟，再加足量水用大火煮开，小火煮至薏米开花，汤稠即成。早晚空腹食用，可加适量糖或蜂蜜调味。

功　效 美白滋润皮肤。

2 绿豆薏米粥

原　料 薏苡仁15克，绿豆15克。

做　法 薏苡仁、绿豆洗净，加水熬粥。

功　效 淡化黑斑、美白肌肤、排毒利尿、改善水肿。

3 银耳莲子粥

原　料 银耳，莲子，红枣。

做　法 银耳水发后，除去根部泥沙及杂质，红枣洗净去核，与银耳、莲子一起放入锅中，加适量清水，熬煮熟透后加入冰糖调味即成。

功　效 滋润、美白、细嫩肌肤，特别适用于面部干燥脱屑、无光泽及有黄褐斑的女性。

专家提示

巧吃零食也美肤

女性大多喜欢吃零食，但现在很多零食都属于高热量的垃圾食品，既不利于保持体形，又含有许多添加剂，对皮肤健美自然无甚益处。如果我们能选择一些既有营养又有利于美化皮肤的健康零食，适量、适时、适己巧妙地吃，不但满足了口福，又滋养了肌肤，可谓一举两得。健康的零食有：

坚果类 花生、南瓜子、葵花子等，富含不饱和脂肪酸、胡萝卜素及过氧化物歧化酶等物，适当食用能令肌肤光泽滋润。

干果类 干枣、葡萄干等，益气、补血滋肾、养颜。

新鲜蔬果类 黄瓜、西红柿、胡萝卜、柑橘、橙子、柠檬、番茄等，属碱性食品，富含维生素C，能使血液保持中性或弱碱性，减慢或阻断黑色素的合成，增白皮肤。

醋泡黄豆 黄豆对于女性而言可是宝贝食物，可补充优质蛋白和雌激素。取黄豆250克炒熟，以醋浸泡15日后，每日取10粒左右嚼食。醋泡黄豆含有磷脂及多种氨基酸，不仅能促进皮肤细胞的新陈代谢，使皮肤柔嫩，色素变淡，还有降低胆固醇、改善肝功能及延缓衰老的作用。

▼ 链 接 interlinkage

薏仁的美肤功效

薏仁又名苡仁、苡米、苡米仁，是常用的中药，也是可常吃的食物，常吃可淡斑美白、治疗扁平疣及痤疮、减肥轻身。注意买苡米一定要买国产的，不要买进口的，国产的效果更好。

薏仁美肤N个妙法

内服

熟薏仁粉适量放入杯中，多少随个人喜好，倒入温开水冲泡即成。配合杏仁粉，美白效果更明显。

将鲜奶煮沸后加入熟薏仁粉5～10克，搅拌一下即可饮用。

外用

薏仁荷叶瘦脸面膜

□ 材料：荷叶1张、生薏仁粉2茶匙，水100毫升。

□ 做法：先将荷叶浸于水中，用细火煎煮约2分钟，煲至水剩下少量；然后滤掉荷叶取汁液约3茶匙，加入薏仁粉拌匀后用来敷面，约15分钟后用冷水洗净。每星期可敷2～3次。

薏仁牛奶美白面膜

□ 材料：白芷、牛奶、生薏仁粉各适量。

□ 做法：将薏米粉25～30克加适量牛奶调成糊状，再滴2～3滴蜂蜜搅匀，脸清洁干净后用调好的面膜敷于面部，20分钟后用清水洗净即可。

注：油性肌肤可用白芷、绿豆粉、薏仁粉调匀后敷脸。

薏仁鸡蛋滋润面膜

□ 材料：薏仁粉、鸡蛋黄。

□ 做法：薏米粉25～30克，加半个蛋黄调成糊状，清洁面部后用调好的面膜敷脸，20分钟后用清水洗净即可。

4 胡桃粥

原 料 胡桃、粳米。

做　法 胡桃去皮研碎，加水搅拌，过滤取汁，将粳米煮熟后加入搅拌即可食用。早晚长期服用。

功　效 胡桃能润泽肌肤、白嫩面容，与粳米煮粥适用于体虚、面黑、憔悴的女性。

5 脊肉粥

原　料 猪瘦脊肉、粳米。

做　法 取猪瘦脊肉200克，粳米300克，食盐、香油、川椒各少许。先将瘦脊肉切成小块，用香油炒一下，再放入粳米煮成粥。待粥熬熟后，再加入精盐、川椒，再煮沸片刻。可长期食用。

功　效 猪脊肉具有滋肝阴、滑肌肤的功效，与粳米煮粥可使肌肤白嫩。

6 杏仁粥

原　料 杏仁、粳米。

做　法 杏仁10克，粳米100克。先将杏仁研成粉末状，待粳米煮稠后，放入杏仁粉再继续煮沸即成。早晚服用，隔日1次。

功　效 杏仁具有增强记忆、减轻失眠、润白肌肤等功效。但杏仁中含有少量的苦杏仁甙，食用时必须在温水中多次浸泡，不宜食用过多。

7 香蕉牛奶粥

原　料 香蕉6根，鲜奶250克，麦片200克，葡萄干100克。

做　法 将所有原料入锅，用文火熬煮，熬好后再加点蜂蜜调味。

功　效 常食能润肤去皱。

小提示

大枣的维生素C含量为水果之冠，每百克鲜枣的维生素C含量为柑橘的8~17倍、香蕉的50~100倍、苹果的50倍，有“活维生素丸”之称，具有润肤养颜、益气补血、健脾养胃等功效。

鸣 谢

统　　筹　刘晓琴　梁春燕

特约编辑　梁春燕　马玉珂　刘晓琴　陈　磊　张　翔

摄　　影　夏　莉　张维平　唐庆华　阿　辉　蔡萍萍　东方伊甸园视觉艺术

封面造型　张人之

服装提供　MICHEELE MOISSAC LONGLIVE DIOR BURBEEY BLOUSES

插图绘制　倪　娜

图片处理　何小波　张维平

模　　特　辜艳君　王子秋　张　曦　毛　毛　小　艺

造　　型　钟晓琴(ADA)造型　申丽萍

场地提供　北京名舍

图片提供　潘婷　OLAY　羽西　MARIE FRANCE BODYLINE　TISSOT　百代EMI　嘉魅儿　AUPRES　百代唱片　欧莱雅　吉米造型　美宝莲　COVERGIRL　ILLME　自然堂　悠莱　马来西亚旅游局　DHC 旁氏 KOSE　AVENIR　色彩地带　玛花纤体　东田造型　韩国李嘉子　托尼・盖（TONI・GUY）　华谊兄弟　国际铂金协会　冯氏出品　周伟

（京）新登字083号

图书在版编目（CIP）数据

晓梅说美容/张晓梅著.—北京：中国青年出版社，2008

（中国美女标准粉皮书系列）

ISBN 978-7-5006-8423-7

Ⅰ.晓… Ⅱ.张… Ⅲ.①女性-人体美-基本知识 ②女性-美容-基本知识

Ⅳ.B834.3 TS974.1

中国版本图书馆CIP数据核字（2008）第142278号

*

中国青年出版社 出版 发行

社址：北京东四12条21号 邮政编码：100708

网址：www. cyp. com. cn

编辑部电话：（010）84014085 营销中心电话：（010）84039659

北京方嘉彩色印刷有限责任公司 新华书店经销

*

720×1000 1/16 14印张 2插页 200千字

2008年12月北京第1版 2009年1月北京第2次印刷

印数：10001-20000册 定价：28.00 元